西北太平洋
仔稚鱼图谱

王小谷　王春生　钟俊生　著

U0172016

科学出版社
北　京

内 容 简 介

本书共有289幅高清照片，以实物标本照片的形式记述了西北太平洋海域的隶属于17目66科154种仔稚鱼，其中有88个种类鉴定到种，41个种类鉴定到属，25个种类鉴定到科。每一物种详细描述了各阶段的主要特征，同时记录了这些种类的分布海域及采样信息。

本书适合动物学、海洋生物学专业师生，以及各大学及科研院所的初级仔鱼分类鉴定人员参考使用。

图书在版编目（CIP）数据

西北太平洋仔稚鱼图谱 / 王小谷，王春生，钟俊生著. — 北京：科学出版社，2022.9

ISBN 978-7-03-073056-5

Ⅰ.①西… Ⅱ.①王…②王…③钟… Ⅲ.①北太平洋－鱼苗－图集 Ⅳ.①Q959.408-64

中国版本图书馆CIP数据核字（2022）第162482号

责任编辑：李 悦 孙 青 / 责任校对：郑金红
责任印制：吴兆东 / 书籍设计：北京美光设计制版有限公司

科 学 出 版 社 出版

北京东黄城根北街16号
邮政编码：100717
http://www.sciencep.com

北京捷迅佳彩印刷有限公司 印刷
科学出版社发行 各地新华书店经销

*

2022年9月第 一 版 开本：889×1194 1/16
2024年1月第二次印刷 印张：12 1/4
字数：446 000

定价：198.00元

（如有印装质量问题，我社负责调换）

前　言

鱼类早期生活史（early life history of fish, ELHF），即鱼类的受精卵（胚胎期）、仔鱼期和稚鱼期，是鱼类生命周期中最为脆弱，成活率最低的阶段，自然状况下存活率通常不及1%，可以说早期阶段的成活率直接影响鱼类种群的数量变动。对鱼类早期生活史阶段的研究，是一项基础又极为重要的工作，可以为渔业资源补充和鱼类多样性研究提供重要支撑。

鱼类早期发育一般都在短时间内完成，而且各发育阶段形态特征存在显著差异，因此，对鱼类早期生活史的准确分类鉴定存在着较大的难度。我国的仔稚鱼分类鉴定工作起步较晚，相关研究的人才甚为匮乏，为数不多的相关著作包括张仁斋、陆穗芬、赵传细、陈莲芳、臧增嘉、姜言伟于1985年所著的《中国近海鱼卵与仔鱼》和万瑞景、张仁斋在2016年所著的《中国近海及其邻近海域鱼卵与仔稚鱼》两本专著，侯刚、张辉于2021年所著的《南海仔稚鱼图鉴（一）》一书，以及丘台生1999年所著的《台湾的仔稚鱼》和邵广昭、杨瑞森、陈康青、李源鑫2001年编著的《台湾海域鱼卵图鉴》。目前我国在鱼类早期生活史研究方面远远落后于日本、韩国、澳大利亚及欧美各国。

已出版的仔稚鱼鉴定类参考书大都是手绘墨线图，尽管这些图可以理想地展示仔稚鱼的形态特征，但与实物样本之间还是存在着一定的差别。为了能真实地展现相关仔稚鱼样本的原色特征，笔者将仔稚鱼的形态特征以彩色照片形式进行记录，直观展示了仔鱼的原始形态特征。

在本书着手编写之前，笔者进行了大量的准备工作，积累了丰富的资料和标本。从2006年开始，我们通过参与一系列科考调查，如"我国近海海洋综合调查与评价"、"南海水体综合调查"、"大洋生物多样性观测与评估专项"和"西太平洋海山生态系统监测与保护专项"，调查遍及我国东海、南海，以及西北太平洋海域，采集到众多新鲜的仔鱼样本。对这些样本均进行了形态鉴定与描述，并利用先进的电动体视镜及显微照相系统，采用显微照片焦点堆叠技术，对已鉴定的仔稚鱼样本进行分层拍摄，把每层最清晰的照片进行叠加，从而获取最清晰的照片。通过多年坚持不懈的努力，笔者获取了数千张仔稚鱼高清晰照片。

本书共记录了西北太平洋17目66科154种不同发育阶段的仔稚鱼，含289幅仔稚鱼照片，其中有几张照片是十多年前拍摄的，由于当时条件所限，照片质量不高。非常遗憾的是，重新拍摄时发现仔稚鱼样品上的色素基本都已消失，但是这些照片仍有一定的专业价值，因此也被选入本书中使用。

我们要感谢为此书出版做出贡献的吴尘艳、鞠佳丽和方晨等同学，也要特别感谢科学出版社的编辑们专业、细致的工作。

虽然我们本着十分严谨的学术态度，但限于业务水平和现有技术条件等因素，书中可能仍不免会出现一些疏漏与不妥之处，诚恳希望得到国内外同行的批评指正。

王小谷　王春生　钟俊生

2022年9月1日于杭州

术语概述

本书分类系统按 *Fishes of the World*（Nelson, 2016），中文名参照《拉汉世界鱼类系统名典》（伍汉霖等，2017），同科的属名、同属的种名按英文字母排序。

发育阶段 (developmental stage)

胚胎期(embryo period)：精、卵结合至出膜，仔胚发育仅限于卵膜内，亦称卵发育期（egg period）。

卵黄仔鱼期(yolk-sac larval period)：孵化后至卵黄消失为止。

仔鱼期(larval period)：一般以鳍条完全形成为止，形态和色素与稚鱼期相异。仔鱼期可以分为3个阶段：① 前屈曲期 (preflexion stage)，脊索末端呈直线形；② 屈曲期(flexion stage)，脊索末端上弯，尾下骨出现且末端截面与体轴倾斜；③ 后屈曲期 (postflexion stage)，脊索末端上弯，尾下骨截面与体轴垂直。

稚鱼期(juvenile period)：趋于成体之形态或鳞片开始出现。

可量性状 (morphometric and meristic character)

全长(total length)[a-g]：自吻端至尾鳍末端的直线长度。

体长(standard length/body length) [a-e]：自吻端至尾鳍基部最后一枚椎骨末端的直线长度。

脊索长(notochord length) [a-f]：前屈曲期和屈曲期仔鱼的吻端至脊索末后端的距离。

头长(head length) [a-b]：自吻端至鳃盖骨后缘的直线长度。

吻长(snout length) [a-h]：自吻端至眼前缘的直线长度。

眼径(eye diameter) [h-i]：眼水平方向前后缘的最大距离。

眼后头长(head length from post-margin of eye) [i-j]：眼后缘至鳃盖骨后缘的直线长度。

躯干长[b-c]：自鳃盖骨后缘（或最后一个鳃孔）至肛门（或泄殖腔）后缘的直线长度。

尾部长[c-g]：自肛门（或泄殖腔）后缘至尾鳍末端的直线长度。

尾鳍长(caudal fin length) [e-g]：尾鳍基底至尾鳍末端的直线长度。

尾柄长(caudal peduncle length) [d-e]：自臀鳍基底后缘至尾鳍基部（最后一枚椎骨）的直线长度。

肌节数(total myomere count)：最前部肌节与最后肌节间的肌节数目。

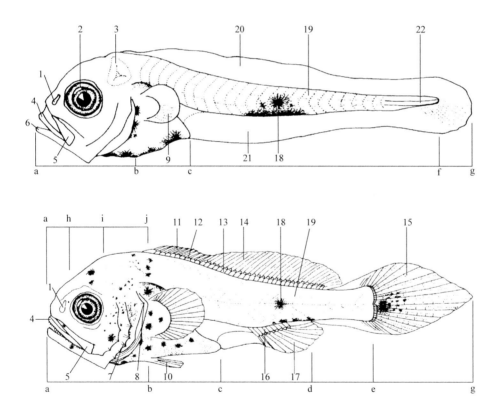

1. 鼻孔（nasal pore olfactory pit）; 2. 眼（eye）; 3. 耳囊（auditory vesicle, otic capsule）; 4. 前上颌骨（premaxilla）; 5. 上颌骨（maxilla）; 6. 下颌（lower jaw）; 7. 前鳃盖骨棘（preopercle spine）; 8. 主鳃盖骨棘（opercle spine）; 9. 胸鳍（pectoral fin）; 10. 腹鳍（pelvic fin: ventral fin）; 11. 背鳍棘（dorsal fin spine）; 12. 背鳍鳍棘部基底（base of spinous dorsal fin）; 13. 背鳍鳍条部基底 (base of dorsal fin ray); 14. 背鳍鳍条（dorsal fin soft ray）; 15. 尾鳍（caudal fin）; 16. 臀鳍鳍条部基底（base of anal fin soft ray）; 17. 臀鳍鳍条（anal fin ray）; 18. 黑色素（melanophore）; 19. 肌节（myomere）; 20. 背侧鳍膜（dorsal median fin fold）; 21. 腹侧鳍膜（ventral median fin fold）; 22. 脊索末端部（notochord tip）

采集工具 (tool)

WP2网： 一款0m至200m浮游生物垂直拖网，网长271cm，网口内径57cm，网口面积0.25m²，筛绢孔径0.202mm。

Multinet网： 一款浮游生物自动采样器，它可以连续在不同的水层中进行水平和垂直采样。可以携带5～9张网，采集深度及筛绢孔径可以根据采样者的要求自行设定，最深可以到6000m。

中型浮游生物网： 一款适用于水深30m以浅的浮游生物垂直拖网，网长280cm，网口内径50cm，网口面积0.2m²，筛绢孔径0.169mm。

大型浮游生物网： 一款适用于水深30m以深的浮游生物垂直拖网，网长280cm，网口内径80cm，网口面积0.5m²，筛绢孔径0.505mm。

目　录

水珍鱼目 Argentiniformes

4.1 小口兔鲑科 Microstomatidae

巨口鱼目 Stomiiformes

5.1 钻光鱼科 Gonostomatidae

5.2 褶胸鱼科 Sternoptychidae

5.3 巨口光灯鱼科 Phosichthyidae

5.4 巨口鱼科 Stomiidae

仙女鱼目 Aulopiformes

6.1 狗母鱼科 Synodontidae

6.2 珠目鱼科 Scopelarchidae

6.3 齿口鱼科 Evermannellidae

6.4 舒蜥鱼科 Paralepididae

灯笼鱼目 Myctophiformes

7.1 灯笼鱼科 Myctophidae

8
鳕形目 Gadiformes

8.1 犀鳕科 Bregmacerotidae

9
鮟鱇目 Lophiiformes

9.1 鮟鱇科 Lophiidae

9.2 躄鱼科 Antennariidae

9.3 树须鱼科 Linophrynidae

10
鲻形目 Mugiliformes

10.1 鲻科 Mugilidae

11
颌针鱼目 Beloniformes

11.1 飞鱼科 Exocoetidae

16

鲽形目 Pleuronectiformes

17

鲀形目 Tetraodontiformes

1

鳗鲡目
Anguilliformes

1.1 **海鳝科** Muraenidae

海鳝科未定种1 Muraenidae sp.1（图1）

采 集 地：南海北部

采集工具：WP2网

采集季节：夏季

形态特征：体长41.50mm仔鱼，眼圆形，齿尖锐，消化管呈直线状，伸达体后部1/3处，胸鳍小于或等于一个肌节间隔。头顶、头部后方的脑腹面和侧面均有黑色素。

参考文献：冲山宗雄.2014.日本産稚鱼図鑑.第二版.秦野:東海大学出版会.

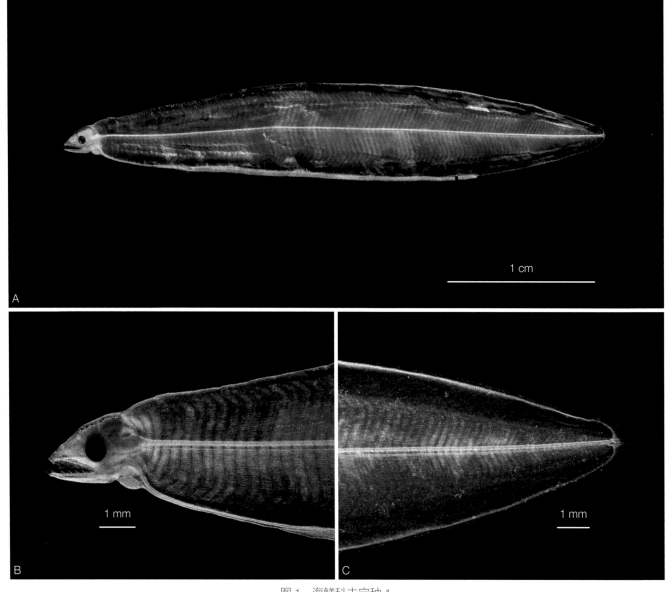

1 cm

1 mm

1 mm

图1　海鳝科未定种1
A.体长 41.50mm；B.头部；C.尾部

海鳝科未定种2 Muraenidae sp.2（图2）

采　集　地：南海北部
采 集 工 具：WP2网
采 集 季 节：夏季
形 态 特 征：体长35.00mm仔鱼，眼圆形，消化管呈直线状，伸达体中部。体侧肌节上有1~3个
　　　　　　点状色素，上颌与鳃盖部下方具点状色素，消化管上具1列点状黑色素。臀鳍始部
　　　　　　在肛门之后。

参 考 文 献：冲山宗雄.2014.日本産稚魚図鑑.第二版.秦野:東海大学出版会.

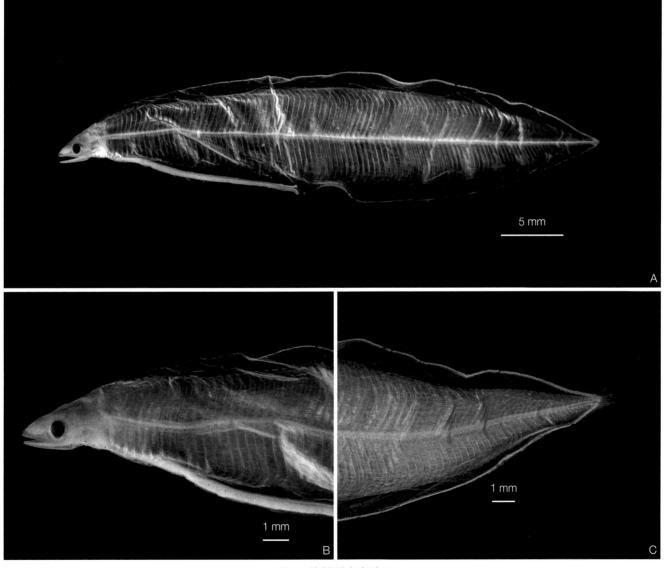

图2　海鳝科未定种2
A.体长35.00mm；B.头部；C.尾部

海鳝科未定种3 Muraenidae sp.3（图3）

采 集 地：南海北部
采集工具：WP2网
采集季节：夏季
形态特征：体长127.50mm仔鱼，眼圆形，消化管直线状，肛门几位于体后端。吻较短且钝，
　　　　　尾鳍圆形。头顶及侧面具有黑色素。

参考文献：冲山宗雄. 2014. 日本産稚魚図鑑. 第二版. 秦野: 東海大学出版会.

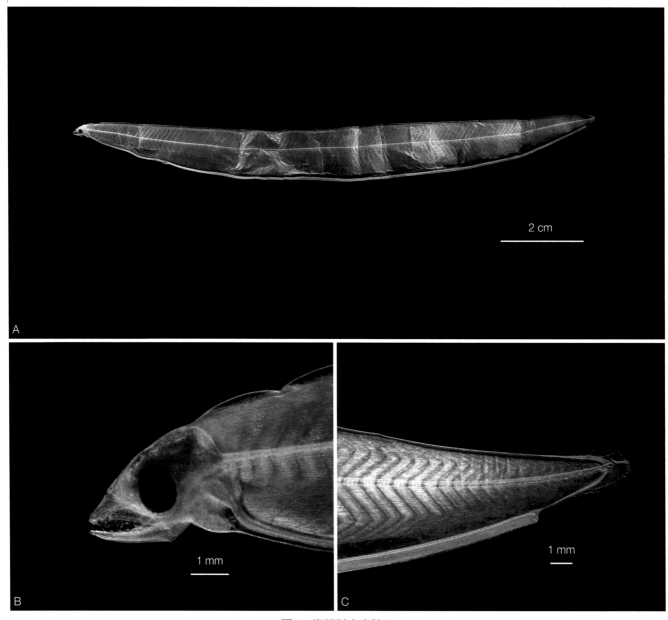

图3　海鳝科未定种3
A. 体长 127.50mm；B. 头部；C. 尾部

1.2 **蛇鳗科** Ophichthidae

蛇鳗科未定种1 Ophichthidae sp.1（图4）

采 集 地：南海北部
采集工具：WP2网
采集季节：夏季
形态特征：体长68.50mm仔鱼，体延长，眼圆形，吻较长，齿尖锐。消化管上有8个膨胀突起，肛门位于体中部。体侧正中线下方的肌节上有7个黑色素。

参考文献：冲山宗雄.2014.日本産稚魚図鑑.第二版.秦野:東海大学出版会.

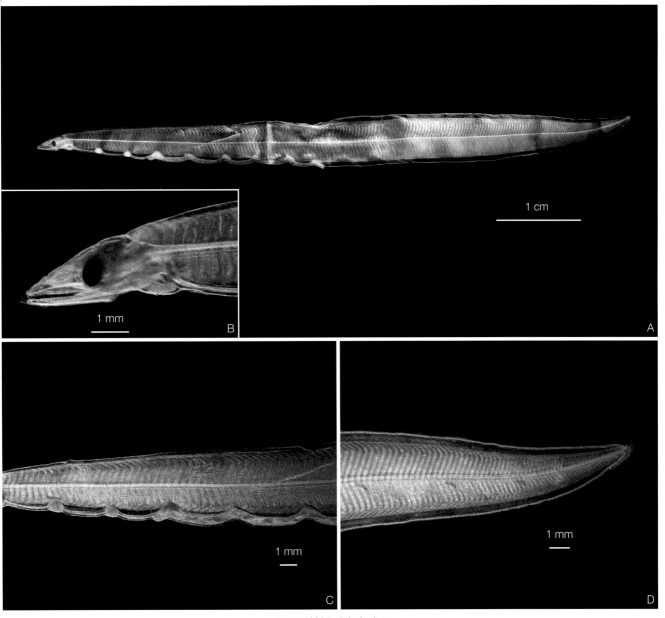

图4　蛇鳗科未定种 1
A. 体长 68.50mm；B. 头部；C. 消化管膨胀突起；D. 尾部

蛇鳗科未定种2 Ophichthidae sp.2（图5）

采 集 地：南海北部
采集工具：WP2网
采集季节：夏季
形态特征：体长15.50mm仔鱼，体延长，眼圆形，消化管3个膨胀突起，吻较长。体侧正中线
　　　　　下方有7个黑色素，消化管的膨胀突起处也有黑色素。

参考文献：冲山宗雄.2014.日本産稚魚図鑑.第二版.秦野:東海大学出版会.

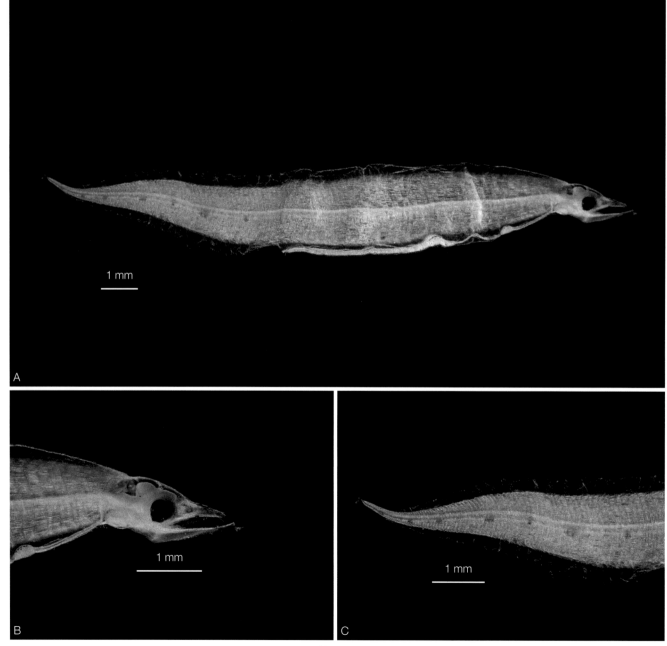

图5　蛇鳗科未定种2
A.体长 15.50mm；B.头部；C.尾部

蛇鳗科未定种3 Ophichthidae sp.3（图6）

采 集 地：南海北部
采集工具：WP2网
采集季节：夏季
形态特征：体长7.50mm仔鱼，体延长，眼圆形，吻较长。消化管上有7个膨胀突起。尾部正中
　　　　　线下方有3个黑色素，消化管上有7个黑色素，尾端亦有黑色素。

参考文献：冲山宗雄. 2014. 日本産稚魚図鑑. 第二版. 秦野: 東海大学出版会.

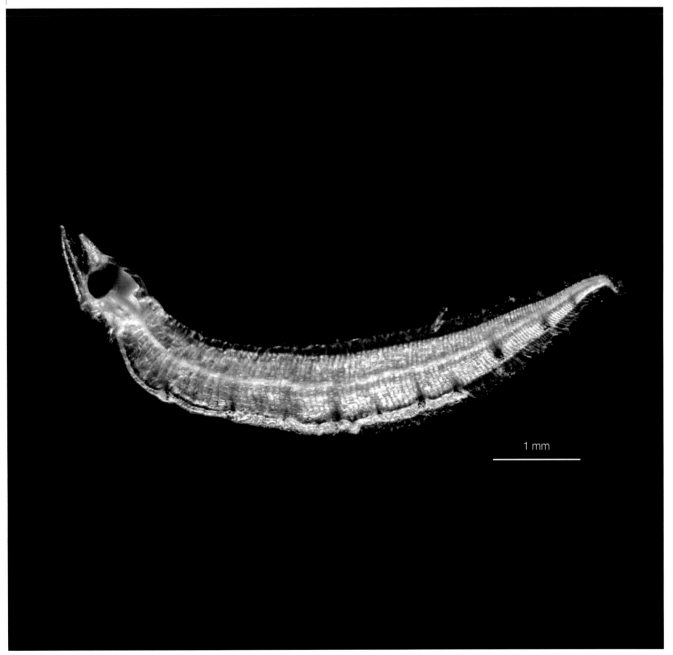

1 mm

图6　蛇鳗科未定种3
体长 7.50mm

1.3 **海鳗科** Muraenesocidae

海鳗属未定种 *Muraenesox* sp.（图7）

采 集 地：南海北部
采集工具：WP2网
采集季节：夏季
形态特征：体长17.50mm仔鱼，头较长，齿细长呈针状，眼圆形，消化道直线状，伸达体后部。身上有黑色素，消化道无黑色素。臀鳍始部在肛门之后。

参考文献：冲山宗雄. 2014. 日本産稚魚圖鑑. 第二版. 秦野: 東海大学出版会.

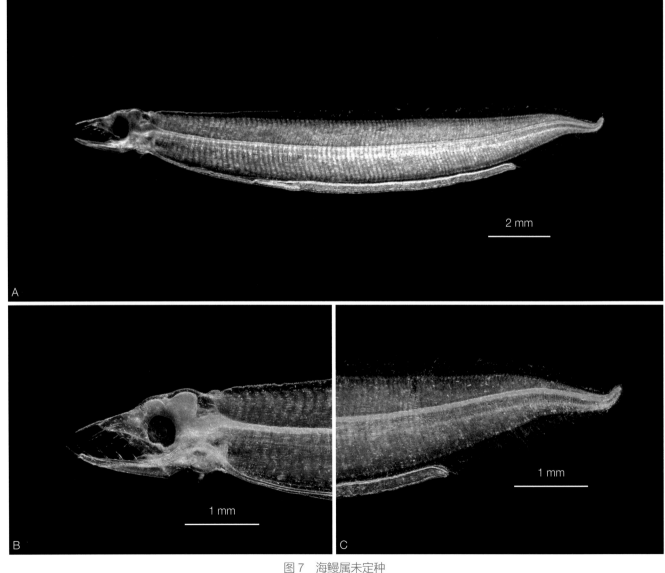

图7　海鳗属未定种
A.体长 17.50mm；B.头部；C.尾部

1.4 线鳗科 Nemichthyidae

线鳗科未定种1 Nemichthyidae sp.1（图8）

采 集 地：南海北部
采集工具：WP2网
采集季节：夏季
形态特征：体长15.80mm仔鱼，体显著伸长，眼圆形，吻较尖，尾后部细长。消化管呈直线状，消化管上有2个黑色素，靠近尾端的体侧正中线下方有1个黑色素，尾部亦有黑色素。

参考文献：冲山宗雄. 2014. 日本産稚魚図鑑. 第二版. 秦野: 東海大学出版会.

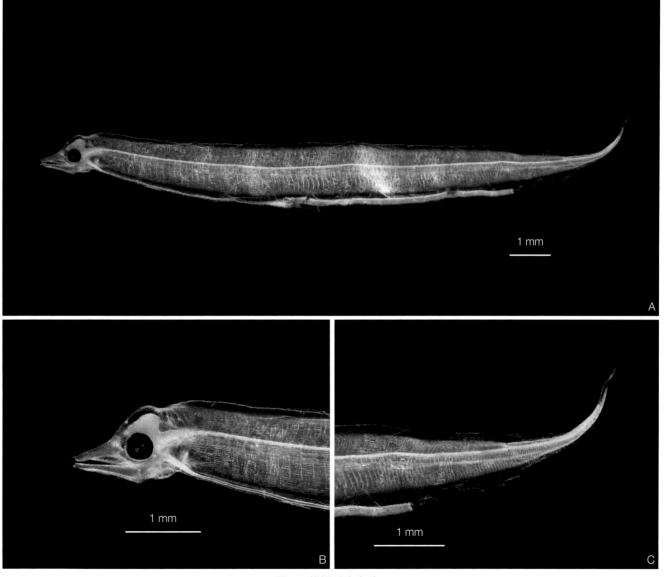

图8　线鳗科未定种1
A. 体长 15.80mm；B. 头部；C. 尾部

线鳗科未定种2 Nemichthyidae sp.2（图9）

采 集 地：南海北部
采集工具：WP2网
采集季节：夏季
形态特征：体长13.60mm仔鱼，体延长，头较短，吻较尖，眼圆形，齿针状。消化管呈直线
　　　　　状，肛门位于体后部。尾后部细长且伸长。

参考文献：冲山宗雄.2014.日本産稚魚図鑑.第二版.秦野:東海大学出版会.

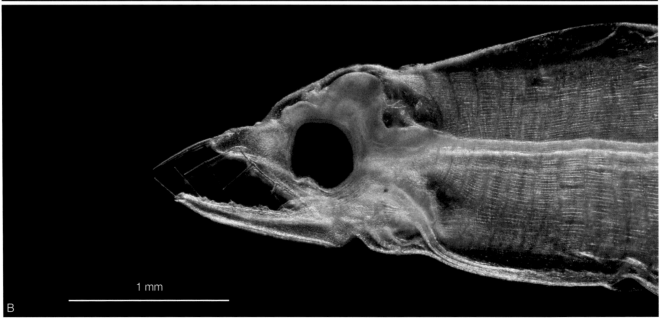

图9　线鳗科未定种2
A. 体长 13.60mm；B. 头部

1.5　康吉鳗科 Congridae

康吉鳗科未定种1 Congridae sp.1（图10）

采 集 地：南海北部
采集工具：WP2网
采集季节：夏季
形态特征：体长95.50mm仔鱼，体延长，眼圆形，消化管呈直线状，几乎伸达体后端，尾后部
　　　　　细长。消化管上方的肌节处有1列黑色素延伸到尾端。眼下有半月形的黑色素，上颌
　　　　　前齿背面有1个黑色素，前鳃盖部附近和喉部侧面共有6个黑色素，体侧正中线下方
　　　　　的肌节上有1列黑色素延伸到尾部。

参考文献：冲山宗雄. 2014. 日本産稚魚図鑑. 第二版. 秦野: 東海大学出版会.

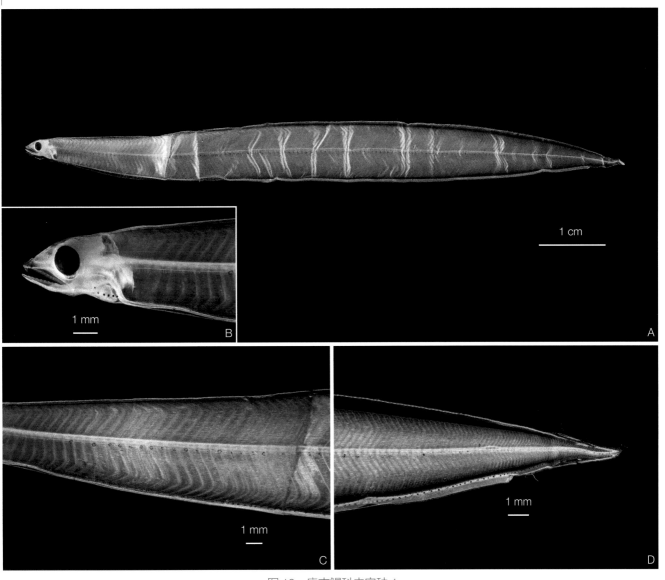

图 10　康吉鳗科未定种 1
A. 体长 95.50mm；B. 头部；C. 体中部；D. 尾部

康吉鳗科未定种2 Congridae sp.2（图11）

采 集 地：南海北部
采集工具：WP2网
采集季节：夏季
形态特征：体长12.40mm仔鱼，体延长，眼圆形，吻较尖，吻齿针状，尾后部细长。消化管直
　　　　　线状且长度大于体长的3/4，有黑色素。

参考文献：冲山宗雄.2014.日本産稚魚図鑑.第二版.秦野:東海大学出版会.

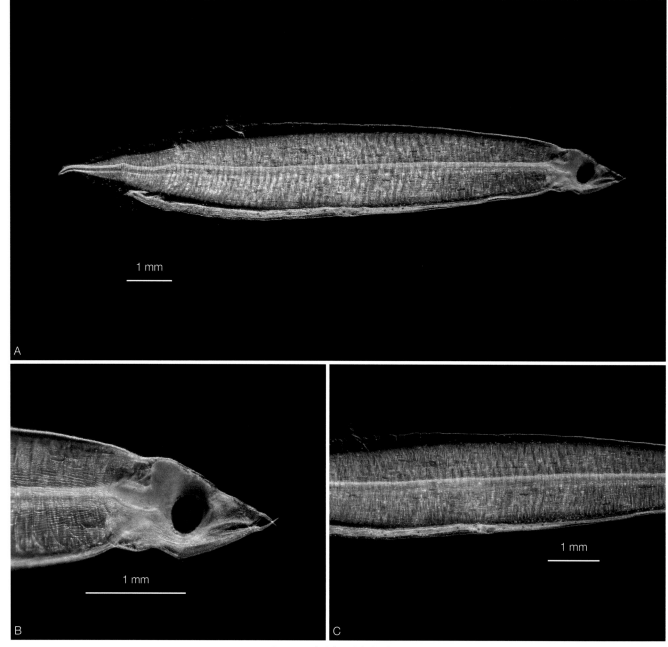

图 11　康吉鳗科未定种 2
A.体长 12.40mm；B.头部；C.体中部

康吉鳗科未定种3 Congridae sp.3（图12）

采 集 地：南海北部
采集工具：WP2网
采集季节：夏季
形态特征：体长115.50mm仔鱼，体延长，眼睛圆形，消化管呈直线状，外肠形成且裸露在
　　　　　外，尾后部细长且尾鳍呈圆形。消化管上没有黑色素。

参考文献：冲山宗雄.2014.日本産稚魚図鑑.第二版.秦野:東海大学出版会.

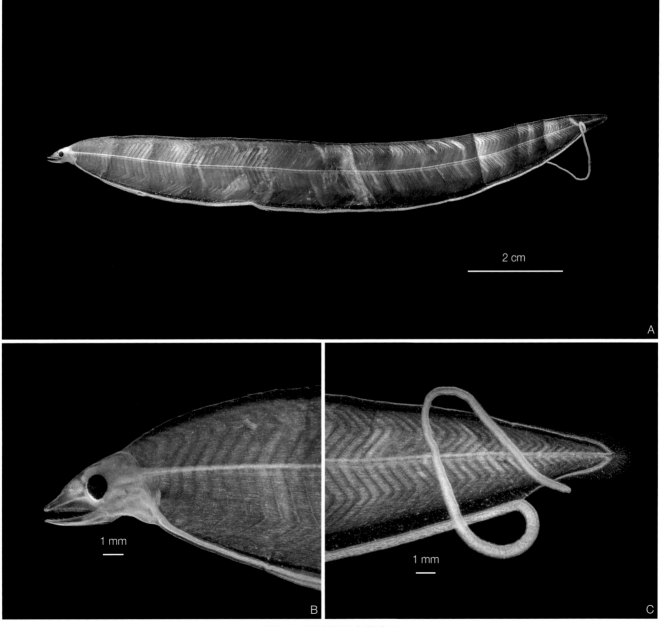

图 12　康吉鳗科未定种 3
A. 体长 115.50mm；B. 头部；C. 消化管外肠

1.6 鸭嘴鳗科 Nettastomatidae

蜥鳗属未定种 *Saurenchelys* sp.（图13）

采 集 地：南海北部
采集工具：WP2网
采集季节：夏季
形态特征：体长12.50mm仔鱼，体延长，头部较短，眼圆形。消化管上有2个膨胀突起，背鳍
　　　　　始部在体中央前方。体侧正中线上有6个黑色素，2个膨胀突起上也有点状黑色素。

参考文献：冲山宗雄. 2014. 日本産稚魚図鑑. 第二版. 秦野: 東海大学出版会.

图 13　蜥鳗属未定种
体长 12.50mm

鲱形目

Clupeiformes

2.1 鲱科 Clupeidae

斑鰶 *Konosirus punctatus* (Temminck & Schlegel, 1846)（图14）

分　　布：渤海、黄海、东海、南海；印度洋北部沿岸、玻利尼西亚、朝鲜半岛，以及日本列岛沿岸。

采 集 地：东海

采集工具：WP2网

采集季节：夏季

形态特征：体长8.50mm的前屈曲期仔鱼，体细长，吻钝，眼圆形，肛门位于体后部。背鳍和尾鳍开始形成，臀鳍还未开始形成。消化管前半部上面、后半部下面和直肠部上面存在黑色素，脊索末端背腹侧有黑色素。

参考文献：冲山宗雄. 2014. 日本産稚魚図鑑. 第二版. 秦野: 東海大学出版会.

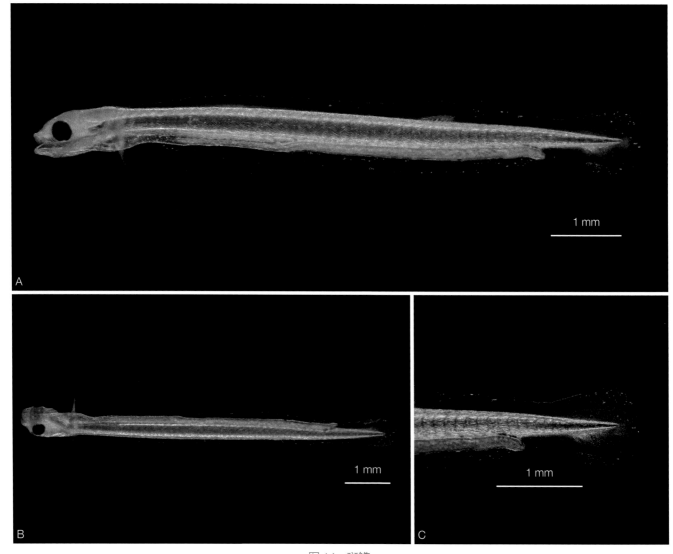

图 14　斑鰶
A. 体长 8.50mm；B. 腹面观；C. 尾部

小沙丁鱼属未定种 *Sardinella* sp.（图15）

采 集 地：渤海
采集工具：WP2网
采集季节：夏季
形态特征：体长8.50mm的前屈曲期仔鱼，体侧扁且细长，吻较尖，眼圆形。消化管较长，肛门在体中央后部位置。背鳍、臀鳍的基底形成，背鳍基底末端在臀鳍基底始部的前方，背鳍、腹鳍鳍膜延长至尾部，与尾鳍相连。喉部与消化管上有黑色素分布。肌节数为28+14。

参考文献：冲山宗雄. 2014. 日本産稚魚図鑑. 第二版. 秦野: 東海大学出版会.

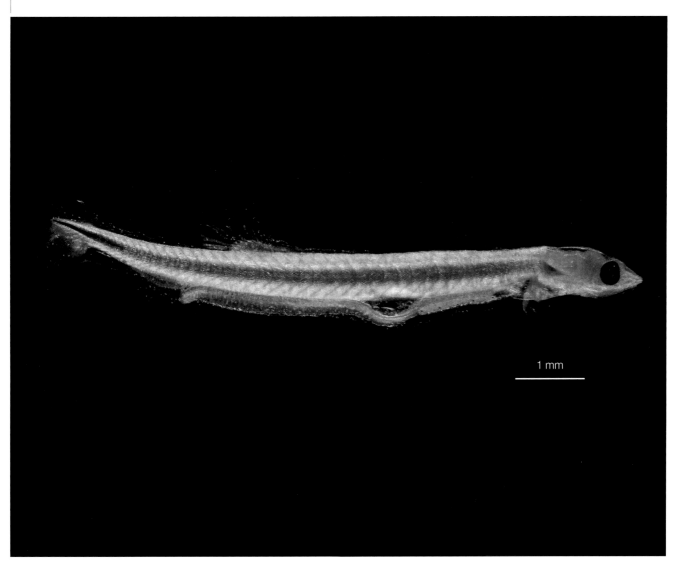

图 15　小沙丁鱼属未定种
体长 8.50mm

拟沙丁鱼属未定种 *Sardinops* sp.（图16）

采 集 地：渤海

采集工具：WP2网

采集季节：夏季

形态特征：体长12.10mm的后屈曲期仔鱼，体侧扁且细长，吻长与眼径等长，吻较尖。消化管很长，后半部有褶皱，肛门在体后方位置（大约在第46肌节下）。背鳍基底始部在第28肌节，背鳍数为12；臀鳍还未发生，以鳍膜的形式与尾鳍相连。喉部、消化管前半部上侧和后半部上下侧均有黑色素分布。肌节数为46+6。

参考文献：冲山宗雄.2014.日本産稚魚図鑑.第二版.秦野:東海大学出版会.

图16　拟沙丁鱼属未定种
体长 12.10mm

2.2 鳀科 Engraulidae

小鳀属未定种 *Anchoa* sp.（图17）

采 集 地：太平洋
采集工具：WP2网
采集季节：夏季
形态特征：体长为14.90mm的后屈曲期仔鱼，体细长且侧扁，吻钝圆，眼大而圆。消化管呈直
　　　　　线状，肛门的位置位于体后部1/3处。背鳍的末端与臀鳍基底的起点相对。喉部、
　　　　　后头部、鳃盖部，以及胸鳍基部旁均有黑色素，消化管上方排列有18个黑色素，
　　　　　沿着臀鳍基部有1列黑色素，沿尾鳍下叶的后下方形成斜带状黑色素，尾柄的背
　　　　　缘、腹缘有零星的黑色素分布。肌节数为26+15。

参考文献：Richards W J. 2005. Early Stages of Atlantic Fishes: An Identification Guide for the
　　　　　Western Central North Atlantic. Boca Raton: CRC Press.

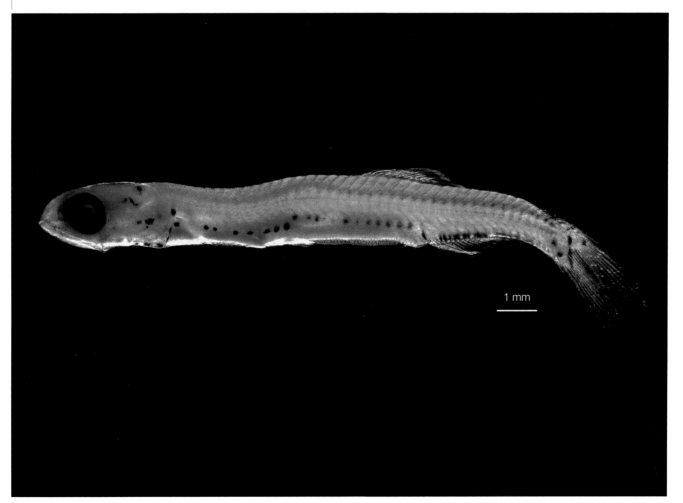

1 mm

图 17　小鳀属未定种
体长 14.90mm

小公鱼属未定种 *Anchoviella* sp.（图18）

采 集 地：东海

采集工具：WP2网

采集季节：夏季

形态特征：体长14.60mm的后屈曲期仔鱼，体细长，吻较钝，消化管呈直线状。背鳍基底在体中央偏后位置，臀鳍基底起点在背鳍中央下方，臀鳍鳍条数为23，背鳍鳍条数为16。尾部背缘无黑色素，喉部和臀鳍基底上都有黑色素，消化管上方有一明显的黑色素。

参考文献：冲山宗雄. 2014. 日本産稚魚図鑑. 第二版. 秦野: 東海大学出版会.

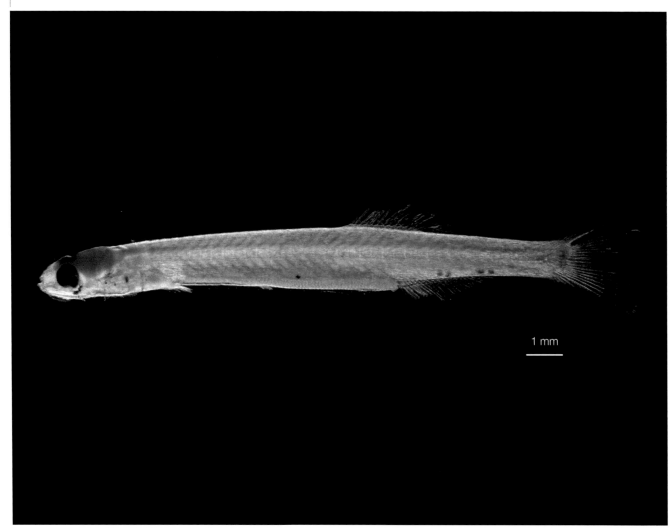

1 mm

图18　小公鱼属未定种
体长 14.60mm

凤鲚 *Coilia mystus* (Linnaeus,1758)（图19）

分　　布：渤海、黄海、东海、南海；西太平洋，包括韩国、朝鲜、日本和越南。

采 集 地：东海

采集工具：WP2网

采集季节：夏季

形态特征：体长12.40mm的前屈曲期仔鱼（图19A、B），体侧扁，吻钝，眼圆形。消化管较长，肛门在体中央后方。背鳍、臀鳍开始发育。在鳃盖后缘至胸鳍之间的腹缘有4个黑色素。肝脏两侧的体表有5对黑色素，消化管的背缘和腹缘均有黑色素分布。臀鳍基底也有少量黑色素。体长25.00mm的屈曲期仔鱼（图19C～E），体侧扁，尾部细长，吻钝，眼圆形。消化管较长，上有褶皱。肛门在体中央稍后方。背鳍鳍条数14，臀鳍鳍条数82。鳃盖后缘至胸鳍之间的腹缘有3个黑色素，胸鳍后缘至腹鳍之间的腹缘有7个黑色素，消化管上方有黑色素，尾鳍鳍条间有点状黑色素分布。

参考文献：张仁斋,陆穗芬,赵传䌷,等.1985.中国近海鱼卵与仔鱼.上海:上海科学技术出版社.

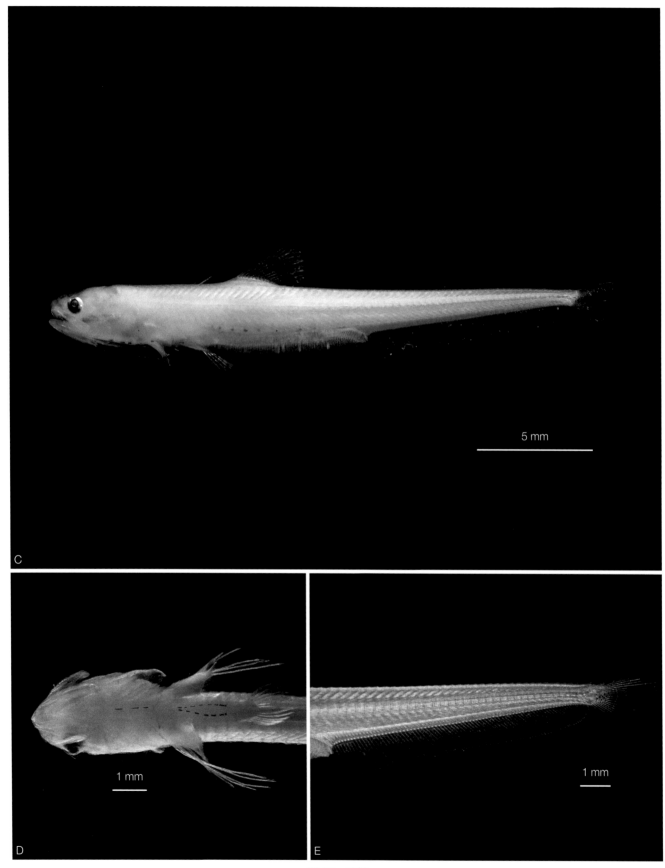

图 19　凤鳚
A. 体长 12.40mm；B. 头部腹面观；C. 体长 25.00mm；D. 头部腹面观；E. 尾部

银灰半棱鳀 *Encrasicholina punctifer* Fowler,1938（图20）

分　　布：东海、南海；太平洋、印度洋海域。

采 集 地：南海北部

采集工具：WP2网

采集季节：夏季

形态特征：体长4.50mm的屈曲期仔鱼（图20A），头扁平，上颌到头顶部凹陷，吻长小于眼
　　　　　径，眼大，上缘近头顶，肛门位于第31肌节下，背鳍基底末端与臀鳍基底始部相
　　　　　对。在喉部、消化道上、肛门上方、尾部腹缘均有黑色素。体长8.10mm的后屈曲
　　　　　期仔鱼（图20B），吻向前凸出，背鳍、臀鳍出现鳍条。背鳍基底末端位于肛门的
　　　　　上方，鳔泡出现，位于消化道中部，肠道后部呈螺纹状，胸鳍下方体腹面有1个黑
　　　　　色素，消化道有1列黑色素，尾部腹缘的黑色素呈直线状排列。

参考文献：冲山宗雄.2014.日本産稚魚図鑑.第二版.秦野:東海大学出版会.

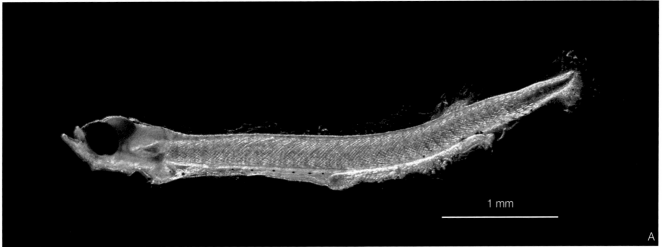

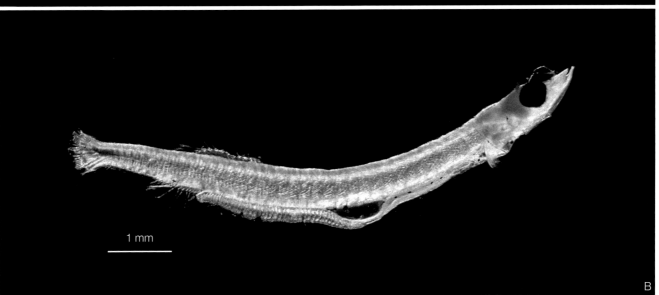

图20　银灰半棱鳀
A. 体长 4.50mm；B. 体长 8.10mm

日本鳀 *Engraulis japonicus* Temminck & Schlegel,1846（图21）

分　　布：渤海、黄海、东海；太平洋西北部。

采 集 地：渤海

采集工具：WP2网

采集季节：夏季

形态特征：体长12.80mm的后屈曲期仔鱼，体侧扁，吻较尖，吻部背缘呈直线状，眼圆形。肛门位于体中央后部，消化管后半部具褶皱，背鳍基底在体中央后方位置，背鳍基底末端与臀鳍基底起点位置相对，背鳍条数15，臀鳍条数15。自胸鳍基部到前半部的消化管上方有6个黑色素，消化管后半部的上方和下方均有黑色素分布。臀鳍基底和尾柄下缘有黑色素，尾鳍下叶向后斜下方有色素斑。肌节数为30+15。

参考文献：冲山宗雄.2014.日本産稚魚図鑑.第二版.秦野:東海大学出版会.

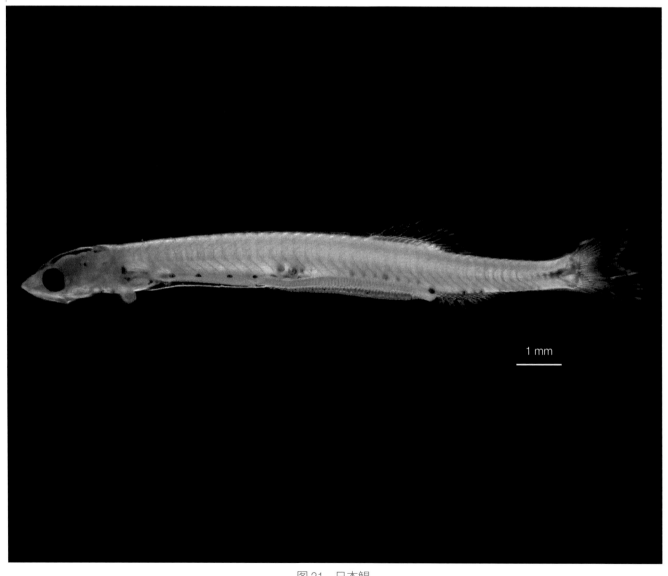

1 mm

图21　日本鳀
体长 12.80mm

鳀科未定种 Engraulidae sp.（图22）

采 集 地：东海

采集工具：WP2网

采集季节：夏季

形态特征：体长5.00mm的前屈曲期仔鱼，吻钝尖，稍微往上翘，眼圆形。消化管细长，后半部比前半部粗，有褶皱，肛门在体中央后方。背鳍、臀鳍原基形成。喉部、消化管背面有黑色素。肌节数为27+12。

参考文献：冲山宗雄. 2014. 日本产稚鱼图鉴. 第二版. 秦野: 東海大学出版会.

图22　鳀科未定种
A. 体长 5.00mm；B. 腹面观

鼠鱚目
Gonorhynchiformes

3.1 鼠鳝科 Gonorynchidae

鼠鳝 *Gonorynchus abbreviatus* Temminck & Schlegel, 1846（图23）

分　　布：东海、南海；太平洋、印度洋海域。

采 集 地：东海

采集季节：夏季

形态特征：体长13.40mm的后屈曲期仔鱼（图23A、B），体细长，背鳍、臀鳍开始分化，背鳍基底在肛门前。尾柄背面、腹面有1列对应的黑色素。头顶背面有1个黑色素。体长33.30mm的后屈曲期仔鱼（图23C～E），体型圆筒型，吻部突出，肛门在体中央后方的位置。背鳍条11，臀鳍条7。头顶有9个黑色素，眼下缘有2个黑色素，颊部有6个黑色素，其中一个特别大。沿着体侧中线有1列黑色素（每肌节1个），尾鳍上有黑色素分布。

参考文献：冲山宗雄. 2014. 日本産稚魚図鑑. 第二版. 秦野: 東海大学出版会.

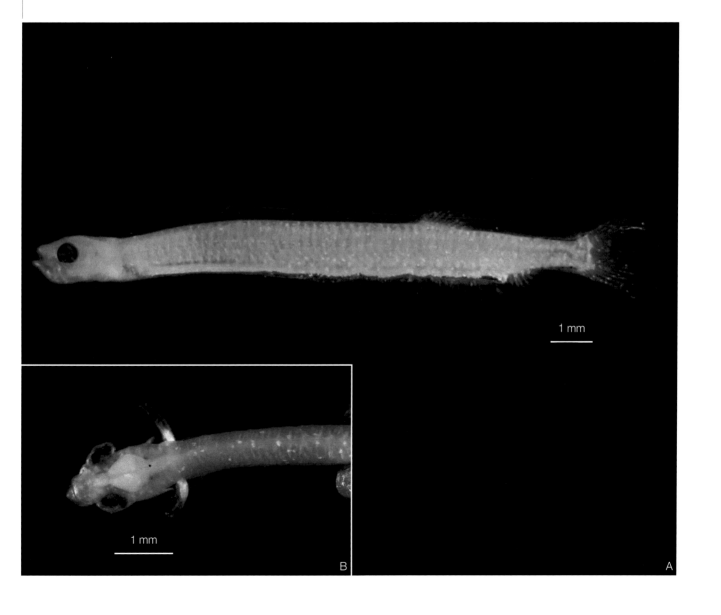

1 mm

1 mm

B

A

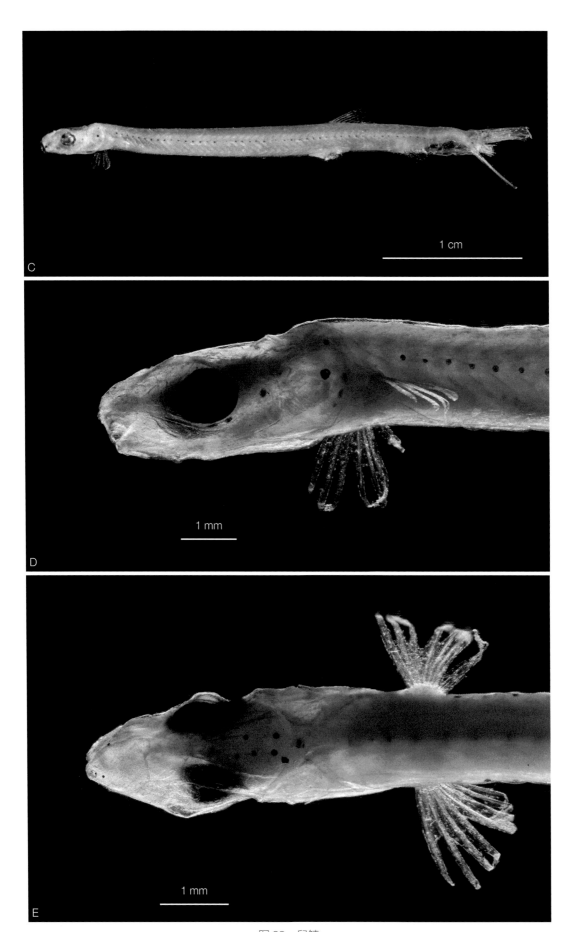

图 23 鼠䲗
A. 体长 13.40mm；B. 头顶部背面观；C. 体长 33.30mm；D. 头部侧面观；E. 头部背面观

4

水珍鱼目
Argentiniformes

4.1 小口兔鲑科 Microstomatidae

大吻长兔鲑 *Dolicholagus longirostris* (Maul,1948)（图24）

分　　布：太平洋、大西洋。
采 集 地：西北太平洋
采集工具：WP2网
采集季节：夏季
形态特征：体长6.20mm的前屈曲期仔鱼（图24A），消化管直肠部膨胀，其末端与身体垂直
　　　　　（向下弯曲）。具有眼柄。体腹侧肌节上有纵向排列的黑色素。体长10.90mm的前
　　　　　屈曲期仔鱼（图24B～E），体细长，头部扁平，头长约占体长的1/4。消化管呈直
　　　　　线状，脊索末端尚未上曲，尾鳍下部鳍条已分化，眼柄长，晶体凸出，体腹侧肌
　　　　　节上有纵向排列的黑色素，消化管后部有规则的点状黑色素。头部眼后方鳃盖骨
　　　　　上有黑色素。

参考文献：冲山宗雄.2014.日本産稚鱼図鑑.第二版.秦野:東海大学出版会.

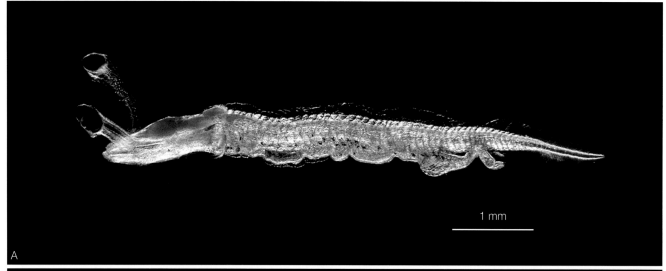

1 mm

A

1 mm

B

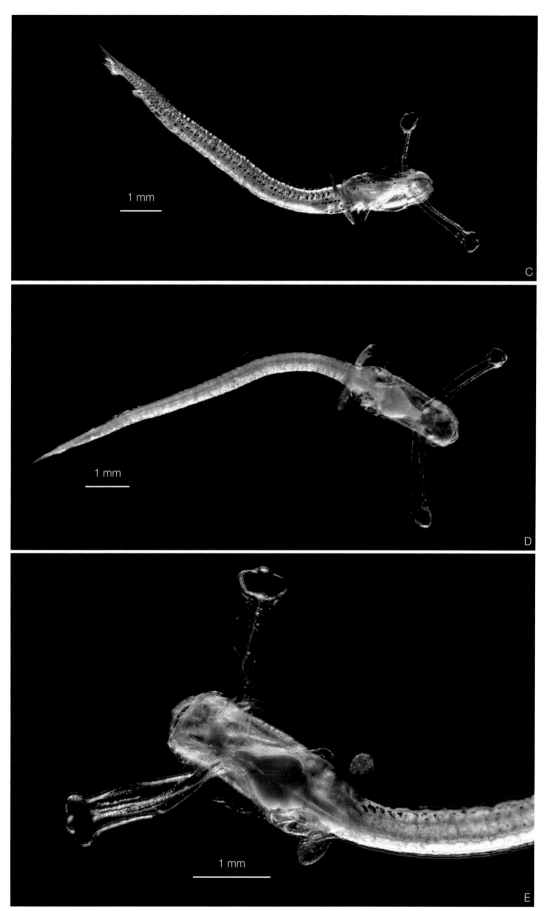

图 24　大吻长兔鲑
A. 体长 6.20mm；B. 体长 10.90mm；C. 腹面观；D. 背面观；E. 头部背面观

施氏光舌鲑 *Leuroglossus schmidti* Rass,1955（图25）

分　　布: 北太平洋。

采 集 地: 西北太平洋

采集工具: WP2网

采集季节: 夏季

形态特征: 体长17.10mm的屈曲期仔鱼，体细长，头扁平，眼球椭圆形，凸出。吻尖。肛门位
　　　　　于体长3/4位置，末端与身体垂直（向下弯曲）。消化管后部1/3处膨大，内侧有环
　　　　　状褶皱。鳍膜厚大，尚未分化。肛门前体侧有3个色素斑，其中前端一个非常大，
　　　　　消化管膨大部位有数个黑色素，肛门与尾柄中间部位体侧上方有1个黑色素。

参考文献: 冲山宗雄.2014.日本産稚魚図鑑.第二版.秦野:東海大学出版会.

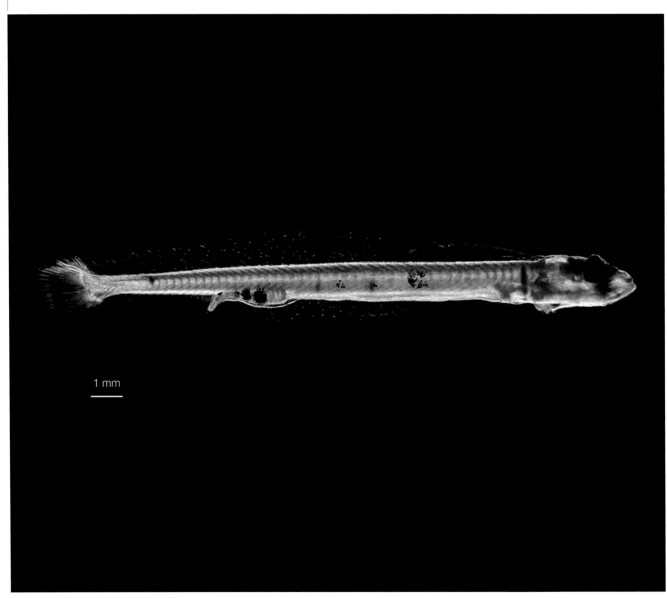

1 mm

图 25　施氏光舌鲑
体长 17.10mm

巨口鱼目
Stomiiformes

5.1 钻光鱼科 Gonostomatidae

大西洋钻光鱼 *Gonostoma atlanticum* Norman,1930（图26）

分　　布: 南海；太平洋、印度洋、大西洋热带及亚热带海域。

采 集 地: 南海北部

采 集 工 具: WP2网

采 集 季 节: 夏季

形 态 特 征: 体长5.20mm的后屈曲期仔鱼（图26A），体侧扁，吻较钝，上颌尖突。腹腔长形，消化管细长，在鳔泡下方有一大弯，呈半圆形，消化管末端与身体呈垂直状。背鳍、臀鳍尚未发育成熟。眼窝背侧有1个黑色素，鳃盖部有1个黑色素，肠道及鳔泡背面有数个黑色素。尾部腹中线肌节内有一行黑色素，尾部后端侧面有数个黑色素。体长12.30mm的后屈曲期仔鱼（图26B），体侧扁且延长，头部增大，前部较平坦，吻较钝。鳔泡明显。背鳍、臀鳍鳍条形成。躯干部腹面中线两侧有两排黑色素，尾部腹中线肌节内有一行黑色素。鳔泡背面有一大色斑，鳔泡背面肌节中有5个色斑。

参 考 文 献: 冲山宗雄.2014.日本産稚魚図鑑.第二版.秦野:東海大学出版会.

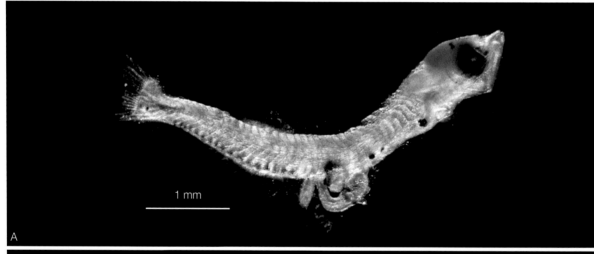

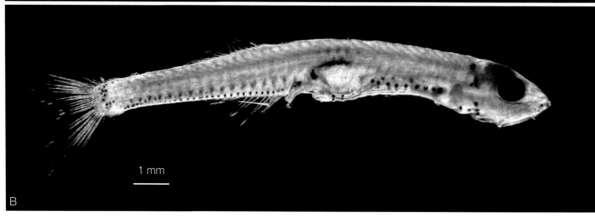

图26　大西洋钻光鱼
A. 体长 5.20mm；B. 体长 12.30mm

长纤钻光鱼 *Sigmops elongatum* (Günther,1878)（图27）

分　　布：东海、南海；太平洋、印度洋、大西洋海域。

采 集 地：南海北部

采集工具：WP2网

采集季节：夏季

形态特征：体长12.00mm的后屈曲期仔鱼，体侧扁且延长，眼大呈椭圆状，眼长轴后倾，吻短而尖。体表无黑色素。鳃盖发光器2个，胸部发光器7个。腹腔长形，消化管细，腹腔内有黑色素沉积。背鳍起点位于臀鳍基底中部上方。

参考文献：万瑞景, 张仁斋. 2016. 中国近海及其邻近海域鱼卵与仔稚鱼. 上海: 上海科学技术出版社.

　　　　　冲山宗雄. 2014. 日本産稚魚図鑑. 第二版. 秦野: 東海大学出版会.

1 mm

图 27　长纤钻光鱼
体长 12.00mm

柔身纤钻光鱼 *Sigmops gracilis* (Günther,1878)（图28）

分　　布：渤海、黄海、东海、南海；北太平洋海域。
采 集 地：南海北部
采集工具：WP2网
采集季节：夏季
形态特征：体长8.00mm的屈曲期仔鱼，体侧扁、延长，眼椭圆形。头后部脑侧面有1个黑色素，腹腔长形，消化管细长，肛门位于体中央前部。鳔泡上有黑色素沉积。眼后有1个黑色素暗斑。体表黑色素欠缺。

参考文献：万瑞景, 张仁斋. 2016. 中国近海及其邻近海域鱼卵与仔稚鱼. 上海: 上海科学技术出版社.
　　　　　冲山宗雄. 2014. 日本産稚魚図鑑. 第二版. 秦野: 東海大学出版会.

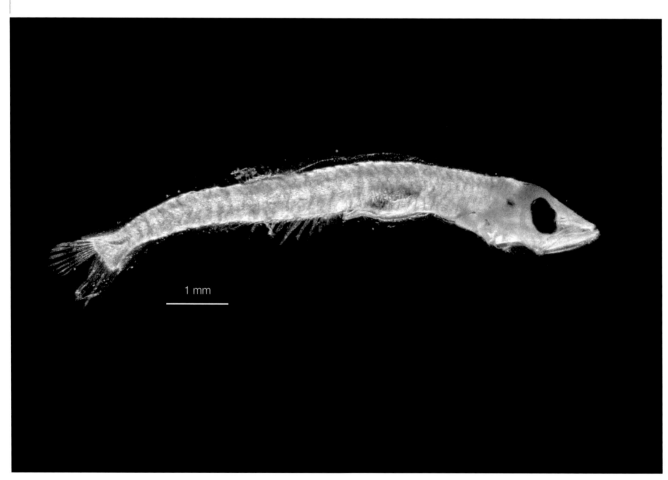

图28　柔身纤钻光鱼
体长 8.00mm

5.2 褶胸鱼科 Sternoptychidae

斯氏银斧鱼 *Argyropelecus sladeni* Regan,1908（图29）

分　　布：南海；印度洋、大西洋等海域。

采 集 地：南海北部

采 集 工 具：Multinet网

采 集 深 度：200～500m

采 集 季 节：秋季

形 态 特 征：体长25.00mm的后屈曲期仔鱼，体侧扁，头部较大。眼较大，侧上位。吻较短，口小且上位。口裂垂直，下颌向上翘。鳃孔大。头背后方与背鳍基前之间，为神经骨愈合形成的一块背板。腹鳍前2刺约等长，第1刺无锯齿状突起。背鳍鳍条数为9；臀鳍鳍条数为12；胸鳍鳍条数为10，腹鳍鳍条数为6。上腹发光器、臀前发光器、臀发光器、尾下发光器的位置高低不一。

参 考 文 献：万瑞景, 张仁斋. 2016. 中国近海及其邻近海域鱼卵与仔稚鱼. 上海: 上海科学技术出版社.

沖山宗雄. 2014. 日本産稚魚図鑑. 第二版. 秦野: 東海大学出版会.

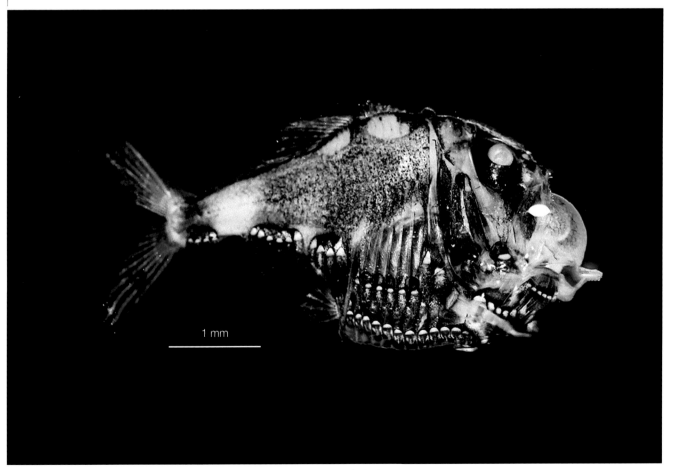

1 mm

图 29　斯氏银斧鱼
体长 25.00mm

银光鱼属未定种1 *Argyripnus* sp.1（图30）

采 集 地：南海北部
采集工具：WP2网
采集季节：夏季
形态特征：体长8.60mm的后屈曲期仔鱼，体侧扁、延长，吻钝，两颌等长，口裂达眼中央稍
          前的下方。背鳍、臀鳍已发育，脂鳍鳍膜状。胸鳍扇状，尾鳍浅叉形。鳃盖发光
          器1个，鳃盖条区发光器4个，围眶发光器1个，前躯下腹发光器13个，臀尾下腹发
          光器4个。腹腔上有黑色素。

参考文献：冲山宗雄. 2014. 日本産稚魚図鑑. 第二版. 秦野: 東海大学出版会.

图30 银光鱼属未定种1
A. 体长 8.60mm；B. 腹面观

银光鱼属未定种2 *Argyripnus* sp.2（图31）

采 集 地：南海北部
采集工具：WP2网
采集季节：秋季
形态特征：体长7.70mm的后屈曲期仔鱼，头较大，眼圆且大，吻部较钝。具有颊部发光器4
　　　　　个，腹发光器7个，后躯下腹发光器1个。前鳃盖骨下端有2枚小棘，肩部有1枚小
　　　　　棘。腹腔部及头顶具有黑色素。

参考文献：冲山宗雄. 2014. 日本産稚魚図鑑. 第二版. 秦野: 東海大学出版会.

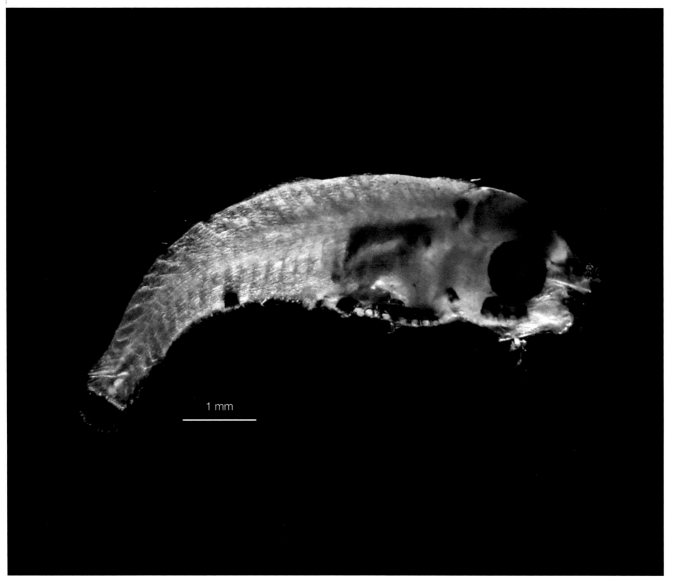

图31　银光鱼属未定种 2
体长 7.70mm

5.3 巨口光灯鱼科 Phosichthyidae

卵圆颌光鱼 *Ichthyococcus ovatus* (Cocco,1838) （图32）

分　　布：南海；太平洋、印度洋北非东岸、地中海，以及大西洋等海域，属深海鱼类，栖
　　　　　息深度垂直分布约50～2500m。

采 集 地：南海北部

采集工具：WP2网

采集季节：夏季

形态特征：体长15.60mm的后屈曲期仔鱼，体呈棒状，头扁平，头长约为体长的16%，吻尖，
　　　　　眼椭圆形。具有外肠且脱落。臀鳍基底长与头长相同。鳃盖、下颌、颊部、胸鳍
　　　　　柄部边缘、体侧下部肌节，以及外肠上均有黑色素。

参考文献：冲山宗雄.2014.日本産稚魚図鑑.第二版.秦野:東海大学出版会.

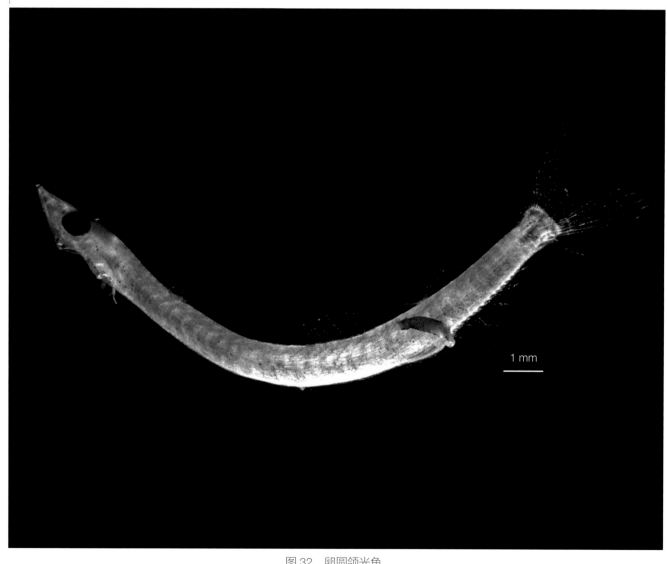

图 32　卵圆颌光鱼
体长 15.60mm

狭串光鱼 *Vinciguerria attenuata* (Cocco,1838)（图33）

分　　布：南海；太平洋、南非近海、地中海、大西洋等海域。

采 集 地：南海北部

采集工具：WP2网

采集季节：夏季

形态特征：体长9.60mm的后屈曲期仔鱼，体稍侧扁、细长，头前部较平，眼椭圆形。口水平位，口裂较浅。消化管细长。臀鳍基底起始部在背鳍基底中央下面，下尾骨侧面中央有1个大型黑色素。

参考文献：冲山宗雄.2014.日本産稚魚図鑑.第二版.秦野:東海大学出版会.

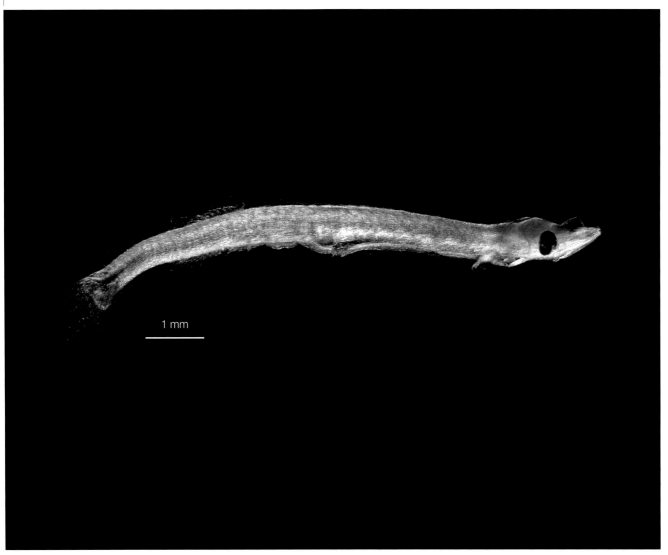

1 mm

图33　狭串光鱼
体长 9.60mm

荧串光鱼 *Vinciguerria lucetia* (Garman,1899)（图34）

分　　布：南海；太平洋、印度洋的东部、地中海、大西洋海域。

采 集 地：南海北部

采集工具：WP2网

采集季节：夏季

形态特征：体长14.90mm的后屈曲期仔鱼，体侧扁，吻较尖，口水平位，口裂较深，达眼后缘下方，下颌长于上颌。眼呈圆形。鳔泡较大，消化管上有一大块明显的黑色素。鳃盖条发光器8个，头部下腹发光器10个，前躯下腹发光器12个，后躯下腹发光器9个，臀尾下腹发光器13个，眶前发光器和眶后发光器各1个，前躯下侧发光器14个，腹鳍后下侧发光器9个，下尾骨侧面中央有1个大型黑色素。

参考文献：万瑞景, 张仁斋. 2016. 中国近海及其邻近海域鱼卵与仔稚鱼. 上海: 上海科学技术出版社.

　　　　　沖山宗雄. 2014. 日本産稚魚図鑑. 第二版. 秦野: 東海大学出版会.

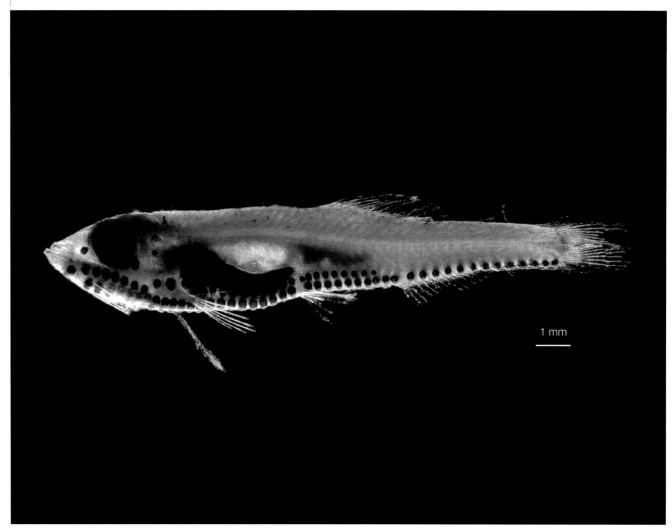

1 mm

图 34　荧串光鱼
体长 14.90mm

强串光鱼 *Vinciguerria poweriae* (Cocco,1838)（图35）

分　　布: 南海；太平洋、地中海、大西洋等海域。

采 集 地: 南海北部

采集工具: WP2网

采集季节: 夏季

形态特征: 体长19.60mm的后屈曲期仔鱼，体侧扁，延长，眼圆形，臀鳍基底的起点在背鳍倒数第4～5鳍条下面。鳃盖条发光器8个，头部下腹发光器7个，前躯下腹发光器15个，后躯下腹发光器9个，臀尾下腹发光器13个，眶前发光器和眶后发光器各1个，前躯下侧发光器12个。鳔上无黑色素。

参考文献: 万瑞景,张仁斋.2016.中国近海及其邻近海域鱼卵与仔稚鱼.上海:上海科学技术出版社.

沖山宗雄.2014.日本産稚魚図鑑.第二版.秦野:東海大学出版会.

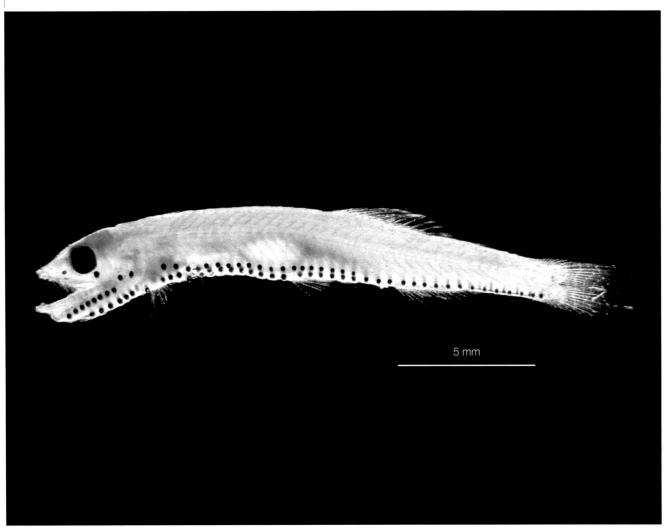

5 mm

图35　强串光鱼
体长 19.60mm

5.4 **巨口鱼科** Stomiidae

斯氏蝰鱼 *Chauliodus sloani* Bloch& Schneider,1801（图36）

分　　布：东海、南海；太平洋、印度洋、大西洋的亚热带海域。
采 集 地：南海北部
采集工具：WP2网
采集季节：夏季
形态特征：体长15.60mm的后屈曲期仔鱼（图36A），体呈圆筒形，头小，眼呈椭圆形。消
　　　　　化管极长，延伸至尾柄基部，在其后部有短的外肠形成。胸鳍很小，背鳍还未发
　　　　　育。体长31.00mm的后屈曲期仔鱼（图36B），体圆筒形，头小，吻较尖，前部扁
　　　　　平，眼椭圆形。消化道极长，延伸至尾柄基部。背鳍已发育。

参考文献：冲山宗雄.2014.日本産稚魚図鑑.第二版.秦野:東海大学出版会.

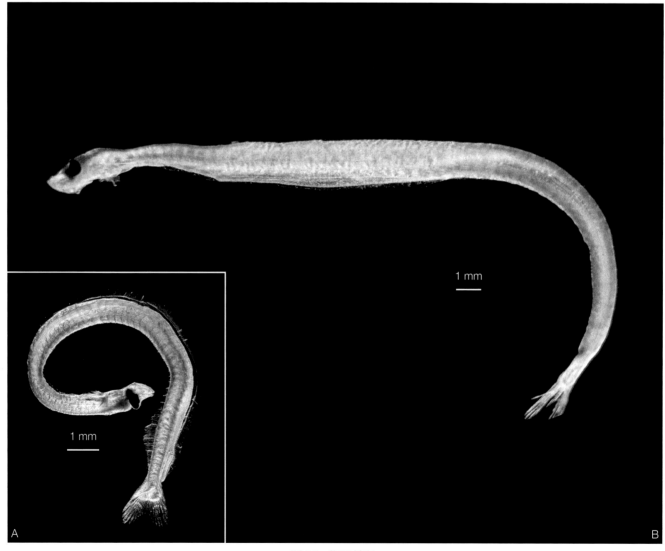

图 36　斯氏蝰鱼
A. 体长 15.60mm；B. 体长 31.00mm

真巨口鱼属未定种 *Eustomias* sp.（图37）

采 集 地：南海北部
采集工具：WP2网
采集季节：秋季
形态特征：全长7.50mm的前屈曲期仔鱼，体呈棒状且延长，头部细长，吻扁平呈鸭嘴状，上有细齿。消化管细长，末端外肠外露。头后至外肠起始处的体背中线等距分布有7个黑色素，背部具8个大型星状黑色素。吻前端有1个色素斑。

参考文献：冲山宗雄. 2014. 日本産稚魚図鑑. 第二版. 秦野: 東海大学出版会.

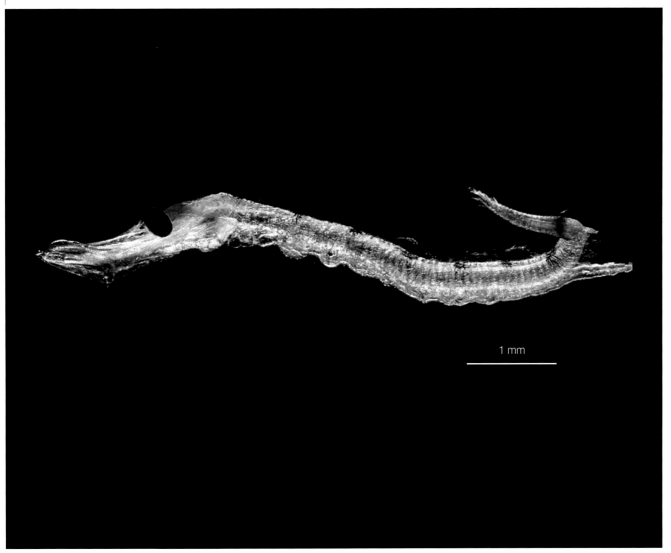

1 mm

图 37　真巨口鱼属未定种
体长 7.50mm

奇棘鱼 *Idiacanthus fasciola* Peters,1877（图38）

分　　布: 东海、南海；太平洋、印度洋、大西洋海域。
采 集 地: 南海北部
采集工具: WP2网
采集季节: 夏季
形态特征: 体长15.60mm的前屈曲期仔鱼，身体呈圆筒形，头部扁平且细长，眼柄细长，长度
　　　　　为3.50mm。消化管细长。体侧肌隔上有黑色素。

参考文献: 冲山宗雄.2014.日本産稚魚図鑑.第二版.秦野:東海大学出版会.

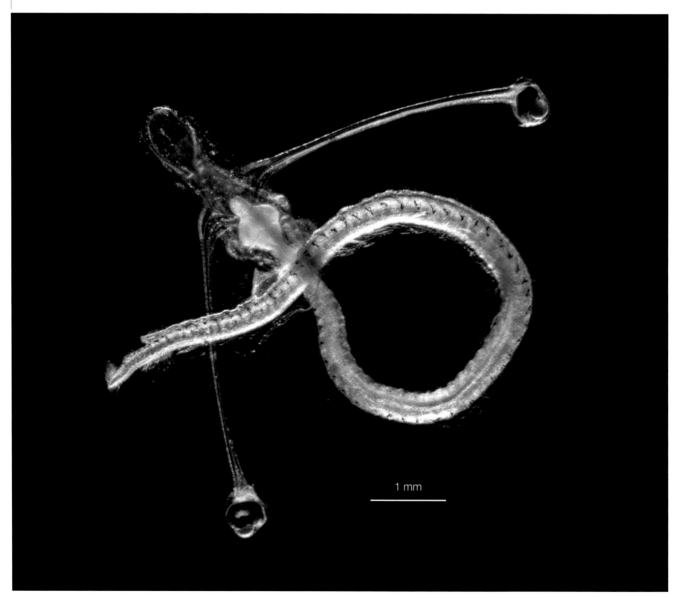

图 38　奇棘鱼
体长 15.60mm

白鳍袋巨口鱼 *Photonectes albipennis* (Döderlein,1882)（图39）

分　　布：东海、南海；太平洋、大西洋的亚热带、热带海域。

采 集 地：南海北部

采集工具：WP2网

采集季节：秋季

形态特征：体长18.80mm的后屈曲期仔鱼，体侧扁延长，头小且扁平。背鳍、臀鳍起始部上下
　　　　　相对，消化管细长，直肠膨大，外肠外露，背鳍、腹鳍膜发达。背侧每一肌节都
　　　　　有1个星状黑色素，颊部至胸部腹缘各有1列黑色素，下颌具色素。腹鳍至臀鳍起
　　　　　始处肌节数为12。

参考文献：冲山宗雄.2014.日本産稚魚図鑑.第二版.秦野:東海大学出版会.

图39　白鳍袋巨口鱼
A. 体长 18.80mm；B. 头部

仙女鱼目
Aulopiformes

6.1 狗母鱼科 Synodontidae

杂斑狗母鱼 *Synodus variegatus* (Lacepède,1803)（图40）

分　　布：东海、南海；太平洋、印度洋等海域。

采 集 地：南海北部

采集工具：WP2网

采集季节：夏季

形态特征：体长10.00mm的前屈曲期仔鱼，体细圆，延长，头小，眼大，椭圆形。背鳍鳍膜透明、较高，自头后开始向后延伸与尾鳍鳍膜相连。腹部鳍膜较窄。腹部自胸鳍基底至肛门有12个中型黑色素斑，各斑间距离1～2个斑块大小。尾部中间的腹缘也有1个色素斑。尾鳍上有点状黑色素，脊索末端下部有1个色素斑。

参考文献：万瑞景, 张仁斋. 2016. 中国近海及其邻近海域鱼卵与仔稚鱼. 上海: 上海科学技术出版社.

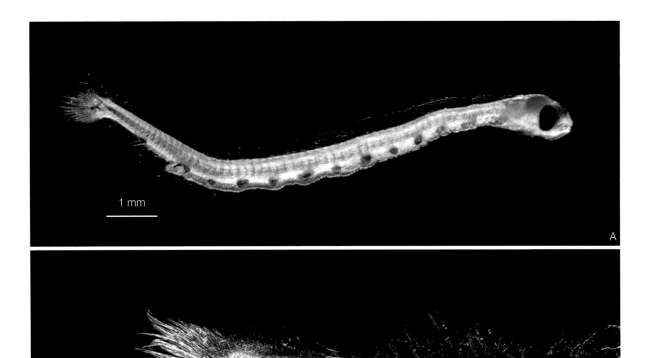

图 40　杂斑狗母鱼

A. 体长 10.00mm；B. 尾部

大头狗母鱼 *Trachinocephalus myops* (Forster, 1801)（图41）

分　　布：东海、南海；太平洋、印度洋、大西洋等海域。
采 集 地：南海北部
采集工具：WP2网
采集季节：夏季
形态特征：体长8.40mm的屈曲期仔鱼，头小吻钝，体呈圆筒状且延长，肛门前有鳍膜，尾部末端背腹侧有黑色素。腹腔有6个色素斑，臀鳍基底中部有1个明显色素斑。

参考文献：张仁斋,陆穗芬,赵传细,等.1985.中国近海鱼卵与仔鱼.上海:上海科学技术出版社.
　　　　　冲山宗雄.2014.日本産稚魚図鑑.第二版.秦野:東海大学出版会.

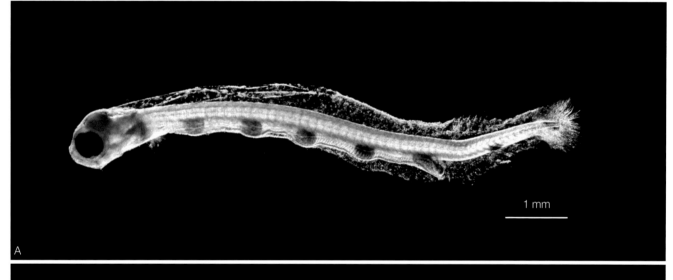

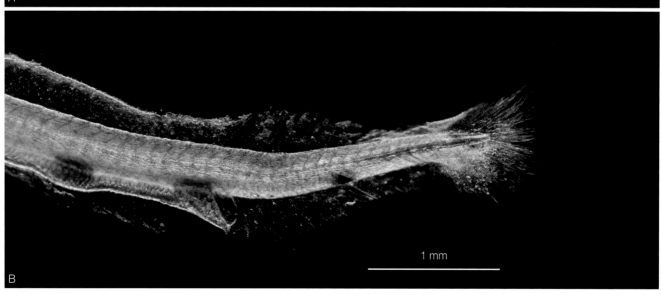

图 41　大头狗母鱼
A. 体长 8.40mm；B. 尾部

6.2 **珠目鱼科** Scopelarchidae

深海珠目鱼属未定种 *Benthalbella* sp.（图42）

采 集 地：南海北部
采集季节：夏季
采集工具：WP2网
形态特征：体长8.20mm的后屈曲期仔鱼，体细长，头较小且纵扁，眼椭圆形。胸鳍较小，腹
　　　　　腔内无色素斑，消化道细长。腹鳍基部在背鳍起始部的前方。

参考文献：冲山宗雄.2014.日本産稚魚図鑑.第二版.秦野:東海大学出版会.

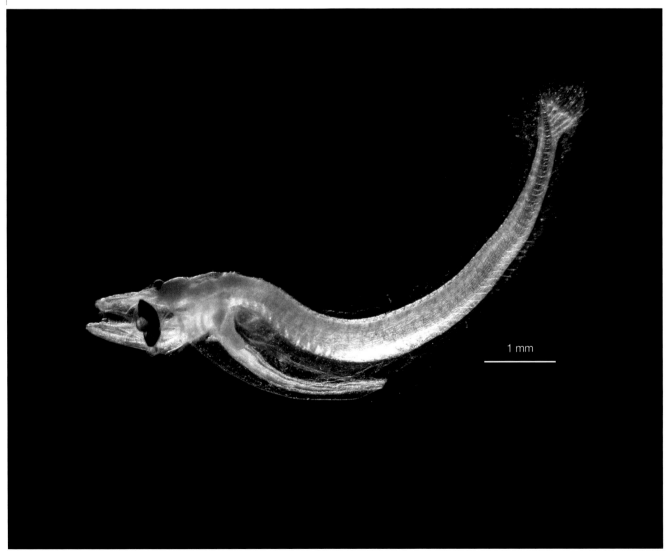

1 mm

图 42　深海珠目鱼属未定种
体长 8.20mm

红珠目鱼属未定种 *Rosenblattichthys* sp.（图43）

采 集 地：南海北部

采集工具：WP2网

采集季节：秋季

形态特征：体长7.60mm的屈曲期仔鱼，体延长，眼椭圆形，吻较尖。腹腔内有1个马鞍状色素
　　　　　斑；胸鳍较大，呈扇状；体背腹中线有黑色素，尾部有黑色素。

参考文献：冲山宗雄.2014.日本産稚魚図鑑.第二版.秦野:東海大学出版会.

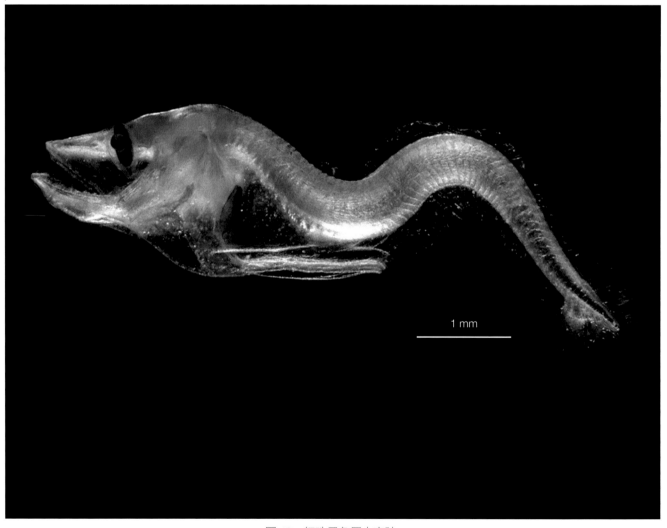

1 mm

图 43　红珠目鱼属未定种
体长 7.60mm

根室珠目鱼 *Scopelarchus guentheri* Alcock, 1896（图44）

分　　布: 南海；30° N以南太平洋热带海域。

采 集 地: 南海北部

采集工具: WP2网

采集季节: 秋季

形态特征: 体长11.30mm的后屈曲期仔鱼，体侧扁，吻较尖，头后背部较隆起。口水平位，口裂达眼中后部，两颌有细小利齿。眼椭圆形，晶体突出。腹腔呈长袋状，消化管前部像匙，后部细长，肛门位于身体中后部。背鳍膜不明显，臀鳍膜非常明显，从肛门末端延伸至尾鳍，并与尾鳍相连。腹腔内有2块色素斑，一块在胸鳍附近，一块在肛门上方的胸腔内。尾柄中线附近有大量黑色素。

参考文献: 万瑞景, 张仁斋. 2016. 中国近海及其邻近海域鱼卵与仔稚鱼. 上海: 上海科学技术出版社.

沖山宗雄. 2014. 日本産稚魚図鑑. 第二版. 秦野: 東海大学出版会.

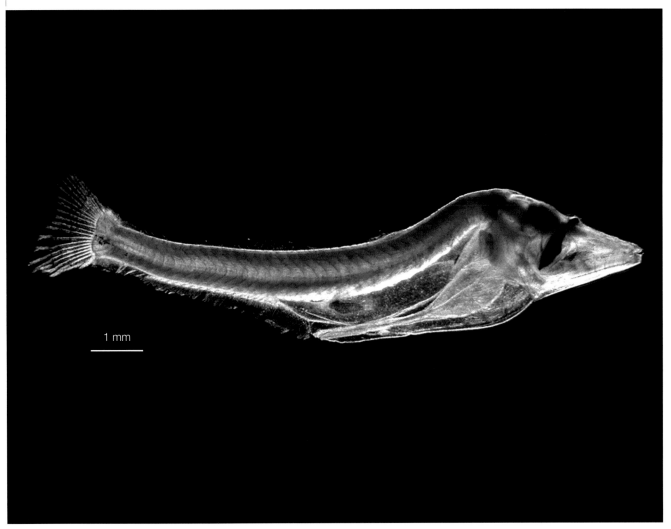

图 44　根室珠目鱼
体长 11.30mm

6.3 齿口鱼科 Evermannellidae

大西洋谷口鱼 *Coccorella atlantica* (Parr, 1928)（图45）

分　　布: 南海；太平洋、印度洋、大西洋亚热带海域。
采 集 地: 南海北部
采集工具: WP2网
采集季节: 夏季
形态特征: 体长15.00mm的后屈曲期仔鱼，吻圆钝，口裂大，齿利。臀鳍基底长。腹腔内有3
　　　　　个大型色斑，已基本愈合成一整体。上下颌有点状色素，体密布点状黑色素。头
　　　　　部散布黑色素。

参考文献: 冲山宗雄.2014.日本産稚魚図鑑.第二版.秦野:東海大学出版会.

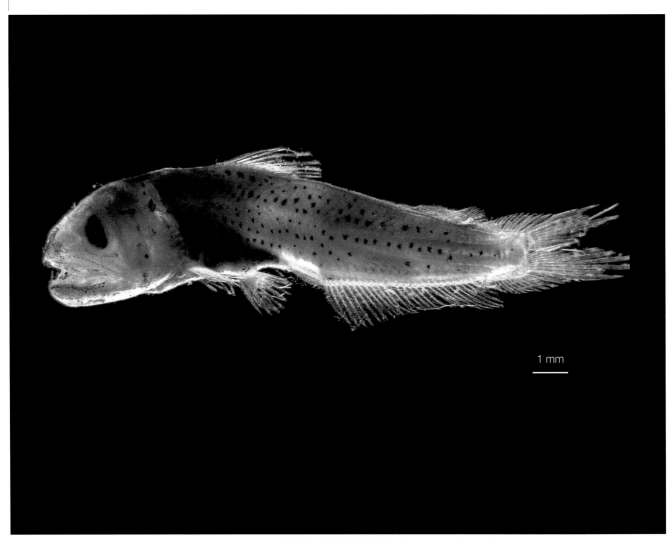

1 mm

图 45　大西洋谷口鱼
体长 15.00mm

细眼拟强牙巨口鱼 *Odontostomops normalops* (Parr, 1928)（图46）

分　　布：南海；太平洋、大西洋等热带和亚热带海域。
采 集 地：西北太平洋
采集工具：WP2网
采集季节：夏季
形态特征：全长5.20mm的前屈曲期仔鱼，体侧扁，体较高，头大吻尖，口裂大，眼椭圆形，
　　　　　背鳍、腹鳍尚未分化，头部及全身有密集的点状黑色素，几乎全肌节中都有黑色
　　　　　素分布，腹腔内有14个小型色斑。

参考文献：万瑞景, 张仁斋. 2016. 中国近海及其邻近海域鱼卵与仔稚鱼. 上海: 上海科学技术出
　　　　　版社.
　　　　　冲山宗雄. 2014. 日本产稚鱼图鉴. 第二版. 秦野: 東海大学出版会.

1 mm

图 46　细眼拟强牙巨口鱼
体长 5.20mm

6.4 鲹蜥鱼科 Paralepididae

裸蜥鱼属未定种 *Lestidium* sp.（图47）

采 集 地：南海北部
采集工具：WP2网
采集季节：夏季
形态特征：体长6.40mm的前屈曲期仔鱼，体侧扁且细长，吻较尖。腹腔内有2个大小相近的色
　　　　　素斑，臀鳍前方腹中线黑色素欠缺，尾部背腹两侧均有黑色素，其中背侧黑色素
　　　　　斑非常大。

参考文献：冲山宗雄.2014.日本産稚魚図鑑.第二版.秦野:東海大学出版会.

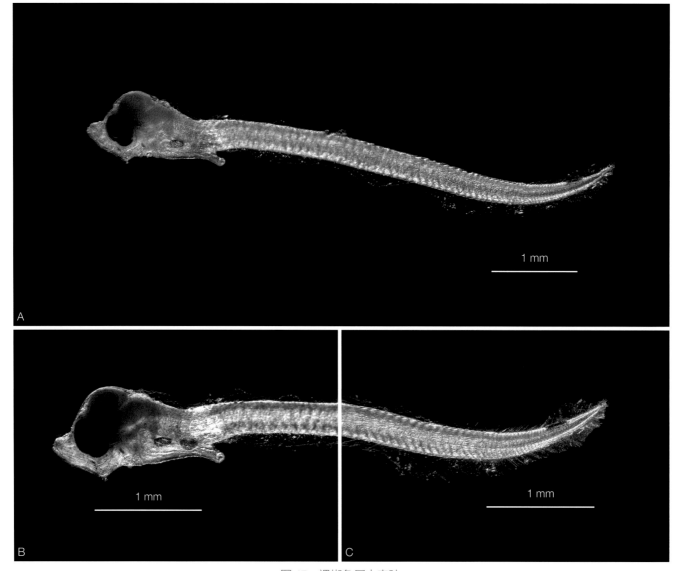

图 47　裸蜥鱼属未定种
A.体长 6.40mm；B.头部；C.尾部

日本光鳞鱼 *Lestrolepis japonica* (Tanaka, 1908)（图48）

分　　布：东海、南海；太平洋西部、印度洋东部热带海域。
采 集 地：南海北部
采集工具：WP2网
采集季节：夏季
形态特征：体长8.10mm的前屈曲期仔鱼，体侧扁细长，头部较小，吻较尖，眼较大，呈圆形。腹腔内有2个几乎等大的色素斑，身体的背面和侧面黑色素欠缺，尾鳍鳍膜布满点状黑色素。

参考文献：冲山宗雄. 2014. 日本産稚魚図鑑. 第二版. 秦野: 東海大学出版会.

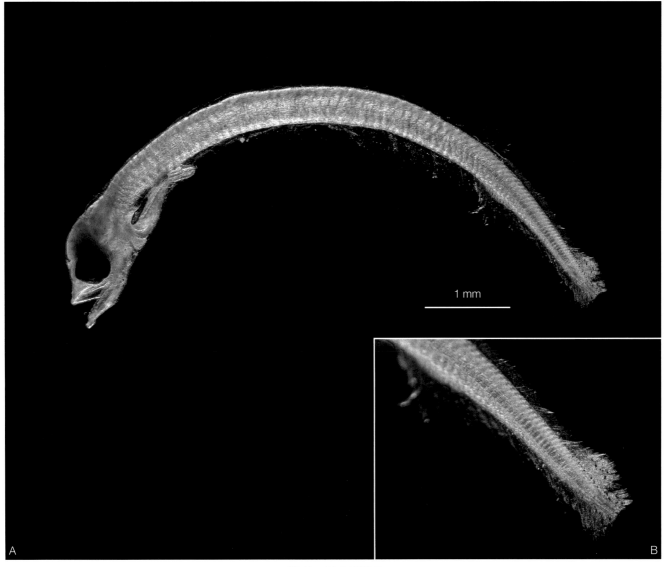

图 48　日本光鳞鱼
A. 体长 8.10mm；B. 尾部

刘氏光鳞鱼 *Lestrolepis luetkeni* (Ege, 1933)（图49）

分　　布：南海；太平洋、印度洋亚热带海域。

采 集 地：南海北部

采集工具：WP2网

采集季节：夏季

形态特征：体长14.00mm的后屈曲期仔鱼，体侧扁细长，头部较小，吻较尖，眼较大且呈圆形。胸鳍小，背鳍、腹鳍尚未分化，臀鳍已分化，鳍条数32以上。头顶及眼下布满黑色素，体腔中有7个色素斑，臀鳍上方腹中线有1列8个黑色素，臀鳍前方腹中线有1列6个黑色素，臀鳍上布有黑色素。尾部末端脊索平直，臀鳍末端脊索附近有3个黑色素，尾柄腹、背两侧均有小型黑色素。

参考文献：沖山宗雄.2014.日本産稚魚図鑑.第二版.秦野:東海大学出版会.

图 49　刘氏光鳞鱼
A. 体长 14.00mm；B. 尾部

大尾纤柱鱼 *Stemonosudis macrura* (Ege, 1933)（图50）

分　　布：南海；太平洋、大西洋的热带海域表层及次表层。

采 集 地：南海北部

采集工具：WP2网

采集季节：夏季

形态特征：体长5.00mm的前屈曲期仔鱼（图50A），颌侧扁且延长，眼较大，呈圆形，下颌明显延伸，肠道短。胸鳍已形成，背鳍、臀鳍尚未分化，呈鳍膜状。上下颌均有黑色素，头部背面有黑色素。体长7.20mm的前屈曲期仔鱼（图50B、C），体细长，侧扁，眼椭圆形。下颌前端细长，上颌向上凸起，上下颌均分布点状黑色素。体表黑色素不明显，腹腔内有4个色素斑。

参考文献：冲山宗雄. 2014. 日本産稚魚図鑑. 第二版. 秦野: 東海大学出版会.

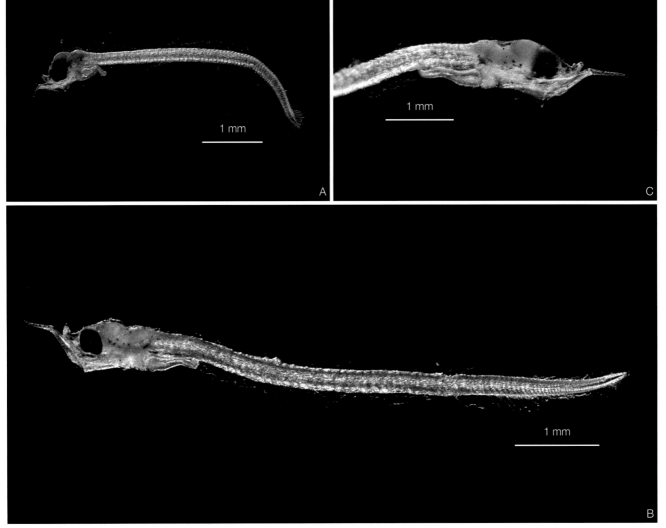

图 50　大尾纤柱鱼

A. 体长 5.00mm；B. 体长 7.20mm；C. 头部

长胸柱蜥鱼 *Sudis atrox* Rofen, 1963（图51）

分　　布：南海；太平洋、印度洋、大西洋的热带海域。
采 集 地：南海北部
采集工具：WP2网
采集季节：夏季
形态特征：体长7.30mm的后屈曲期仔鱼，体侧扁，头部略纵扁，前额较平坦，吻较尖，吻长
　　　　　约为眼径长的1.5倍。眼呈椭圆形，上颌后端位于眼窝前缘下。眼窝上方骨质突起
　　　　　发达，其边缘有齿。眼后方鳃盖骨上有长棘。背鳍、臀鳍尚未分化，呈鳍膜状，
　　　　　腹腔有5个色素斑，肛门位于第4个色素斑下。

参考文献：冲山宗雄. 2014. 日本産稚魚図鑑. 第二版. 秦野: 東海大学出版会.

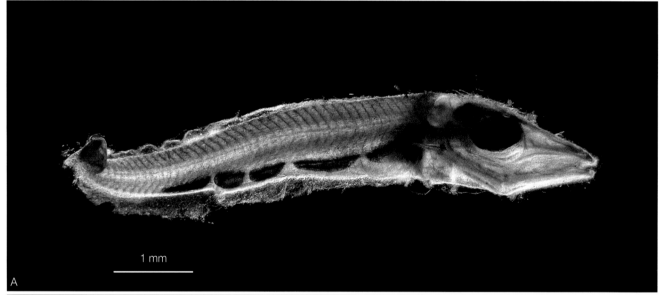

图51　长胸柱蜥鱼
A. 体长 7.30mm；B. 背面观

四斑鸭嘴蜥鱼 *Uncisudis quadrimaculata* (Post, 1969)（图52）

分　　布: 南海；西北太平洋、大西洋、日本南部外海水域。

采 集 地: 南海北部

采集工具: WP2网

采集季节: 夏季

形态特征: 体长6.00mm的前屈曲期仔鱼（图52A～C），体侧扁细长，前额微凹。腹腔长袋状，消化管细长。头顶有细小黑色素，腹腔内有4个等大的色素斑，肛门位于身体的前半部。背鳍已分化，鳍条长，位于体长2/3处，背鳍前方中线上有1列黑色素。背鳍前后有很低的鳍膜，背鳍后的身体背腹中线有黑色素，且背鳍后面的鳍膜及臀鳍鳍膜上有细小黑色素。体长12.30mm的后屈曲期仔鱼（图52D），吻尖，口水平位，口裂达眼中央下方。背鳍、腹鳍已分化，鳍条较长。腹腔长袋状，消化道细长，肛门位于身体的中后部。腹腔内有6个等大的色素斑，臀鳍前方腹中线黑色素缺少，背鳍前方有色素斑。

参考文献: 万瑞景, 张仁斋. 2016. 中国近海及其邻近海域鱼卵与仔稚鱼. 上海: 上海科学技术出版社.

沖山宗雄. 2014. 日本産稚魚図鑑. 第二版. 秦野: 東海大学出版会.

1 mm

A

图 52 四斑鸭嘴蛎鱼
A. 体长 6.00mm；B. 背面观；C. 尾部；D. 体长 12.30mm

7

灯笼鱼目
Myctophiformes

7.1 灯笼鱼科 Myctophidae

汤氏角灯鱼 *Ceratoscopelus townsendi* (Eigenmann & Eigenmann, 1889)（图53）

分　　布：东海、南海；太平洋热带和亚热带海域。

采 集 地：太平洋

采集工具：WP2网

采集季节：夏季

形态特征：体长9.40mm的后屈曲期仔鱼，体侧扁，延长，吻较短，眼大而圆。鳃盖条区发光器、鼻部腹侧发光器、胸鳍下方发光器，以及胸部发光器都已出现。肛门处及臀鳍基部末端具有黑色素。

参考文献：冲山宗雄.2014.日本産稚魚図鑑.第二版.秦野:東海大学出版会.

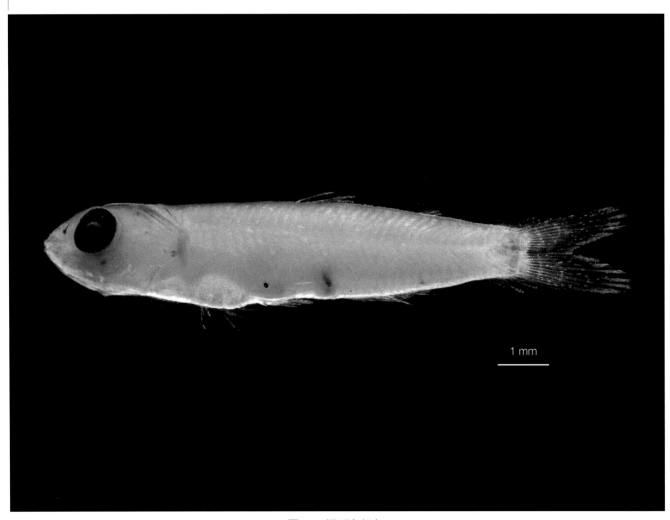

图 53　汤氏角灯鱼
体长 9.40mm

七星底灯鱼 *Benthosema pterotum* (Alcock, 1890)（图54）

分　　布：东海、南海；印度洋、菲律宾、日本。

采 集 地：南海北部

采集工具：WP2网

采集季节：夏季

形态特征：体长6.40mm的后屈曲期仔鱼，体侧扁，吻圆钝，胸鳍扇形，腹腔膨大，直肠短，稍稍向体外伸展，肛门在身体中央的稍前方，大约在第14肌节下。眼呈椭圆状。下颌前端、肛门侧面、臀鳍基部后端各有1个黑色素，尾鳍中部有2个黑色素。

参考文献：万瑞景, 张仁斋. 2016. 中国近海及其邻近海域鱼卵与仔稚鱼. 上海: 上海科学技术出版社.

张仁斋, 陆穗芬, 赵传絧, 等. 1985. 中国近海鱼卵与仔鱼. 上海: 上海科学技术出版社.

冲山宗雄. 2014. 日本産稚魚図鑑. 第二版. 秦野: 東海大学出版会.

1 mm

图 54　七星底灯鱼
体长 6.40mm

耀眼底灯鱼 *Benthosema suborbitale* (Gilbert, 1913) （图55）

分　　布：南海、东海；太平洋、印度洋、大西洋的热带、亚热带和温带海域。

采 集 地：太平洋

采集工具：WP2网

采集季节：夏季

形态特征：体长5.90mm的后屈曲期仔鱼，体侧扁，头部中等大，吻部较短，眼长圆形，向前
　　　　　倾。腹腔较大，消化管呈勺状。背部鳍膜肥厚，形成背窦，脂鳍形成。臀鳍发育
　　　　　较完全，有鳍条15根，胸鳍扇状。臀鳍起点距肛门较远。胸鳍基部有2个黑色素，
　　　　　鳃盖条区出现1个发光器。

参考文献：万瑞景,张仁斋.2016.中国近海及其邻近海域鱼卵与仔稚鱼.上海:上海科学技术出
　　　　　版社.
　　　　　冲山宗雄.2014.日本産稚魚図鑑.第二版.秦野:東海大学出版会.

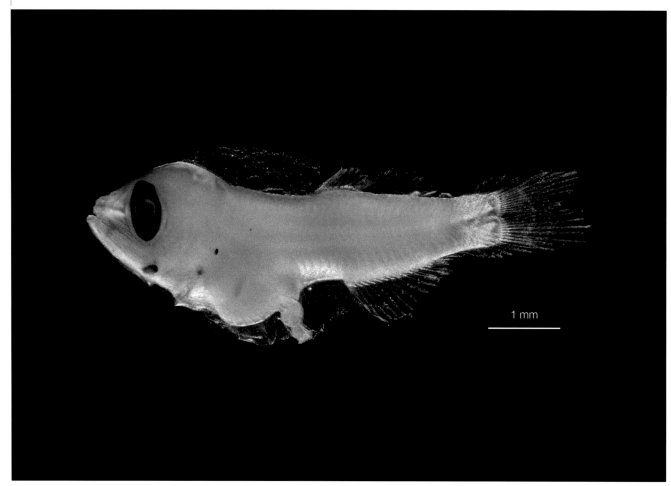

图55　耀眼底灯鱼
体长 5.90mm

华丽眶灯鱼 *Diaphus perspicillatus* (Ogilby, 1898) (图56)

分　　布: 南海；太平洋、印度洋、大西洋等热带和亚热带海域。

采 集 地: 南海北部

采集工具: WP2网

采集季节: 夏季

形态特征: 体长13.80mm的幼鱼，体型侧扁，前部粗大，后部细长。头中等大，长形。短吻，圆钝。眼大，侧上位，距吻端很近。口大，略倾斜。体被圆鳞，鳞片易脱落。背鳍鳍条数为18，起点在腹鳍起点上方，脂鳍存在。胸鳍鳍条数为11，短小，低位，末端未达腹鳍始部。腹鳍鳍条数为8，中等大小，末端未达臀鳍起点。尾鳍叉状。鳃盖发光器2个，位于前鳃盖骨的后下方；鳃膜条发光器3个，三者依次位于口的腹面。胸鳍下方发光器2个；胸鳍上方发光器位于胸鳍基的背上方；胸部发光器5个；腹部发光器5个，前3个依次升高，三者成一斜线；腹鳍上方发光器位于腹鳍上方和侧线之间；肛门上方发光器3个；体后侧发光器位于脂鳍基部下方；臀前部发光器6个；臀后部发光器5个；尾前部发光器4个，四者呈弧形。

参考文献: 陈素芝. 2002. 中国动物志 硬骨鱼纲 灯笼鱼目 鲸口鱼目 骨舌鱼目. 北京: 科学出版社.

1 mm

图 56　华丽眶灯鱼
体长 13.80mm

眶灯鱼属未定种 *Diaphus* sp.（图57）

采 集 地：南海北部

采集工具：WP2网

采集季节：夏季

形态特征：体长4.30mm的后屈曲期仔鱼，体高，侧扁，头部显得大，吻钝圆。口近水平位，口裂达眼中央以后的下方。腹腔近三角形，消化管较短。背鳍、臀鳍开始发育，脂鳍基出现。背鳍起点前的上部体侧有3行沿肌节排列的黑色素，鳃盖边缘及鳃盖后缘下方有黑色素，直肠肛门后部有1个黑色素，尾鳍基部有1个黑色素。

参考文献：万瑞景, 张仁斋. 2016. 中国近海及其邻近海域鱼卵与仔稚鱼. 上海: 上海科学技术出版社.

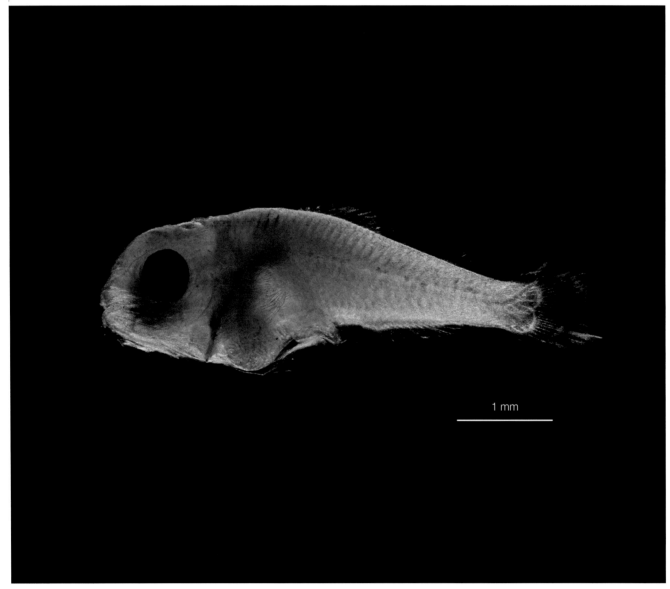

1 mm

图 57   眶灯鱼属未定种
体长 4.30mm

大西洋明灯鱼 *Diogenichthys atlanticus* (Tåning, 1928)（图58）

分　　布：南海；太平洋、大西洋等海域。

采 集 地：南海北部

采集工具：WP2网

采集季节：夏季

形态特征：体长4.00mm的前屈曲期仔鱼（图58A），体稍侧扁，下颌端有一极短的颌须。头部中等大小，额部略微凹陷。吻钝尖，口微斜，口裂达眼中央的下方，上颌、下颌约等长。眼长圆形，晶体突出。鼻孔一个，长圆形，靠近吻端。消化管较粗，消化管内部出现螺旋状的皱褶，肛门位于体中央稍后。背部和尾部鳍膜均较低，胸鳍团扇形。胸鳍基下有1个黑色素丛，消化管上有4个菊花状的黑色素，直肠后上方有1个大的黑色素丛，尾部的腹缘有10个菊花状黑色素排成1列，体中部的体侧有1个大的枝状黑色素丛。脊索末端平直。体长8.35mm的后屈曲期仔鱼（图58B～D），体形粗壮，头部较大。吻钝尖，口裂仍达眼后缘的下方。眼长圆形。腹腔长形。背鳍有鳍条10根，脂鳍形成。臀鳍发育较全，有鳍条14根。腹鳍出现，芽状，有短鳍条。颌须明显变长，有0.58mm，其上有黑色素2个。鳃盖下、胸鳍基部和喉部各有1个星状黑色素，消化管上大型星状黑色素增加至4个，连同肛门上方的1个黑色素丛，消化道上一共有5个黑色素分布，体侧中部有1个大型星状黑色素，背鳍、脂鳍有1个星状黑色素，臀鳍上方的肌节中1列菊花状黑色素为13个，臀鳍鳍条的基部出现数个黑色素排成1行，尾鳍下叶鳍条有1个大型星状黑色素。具有1个鳃盖条区发光器和2个胸部发光器。

参考文献：万瑞景, 张仁斋. 2016. 中国近海及其邻近海域鱼卵与仔稚鱼. 上海: 上海科学技术出版社.

沖山宗雄. 2014. 日本産稚魚図鑑. 第二版. 秦野: 東海大学出版会.

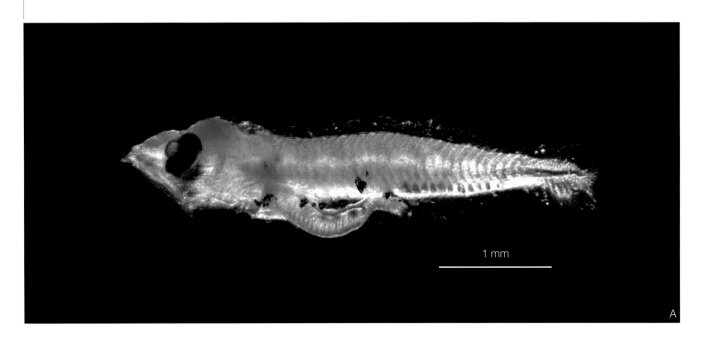

1 mm

A

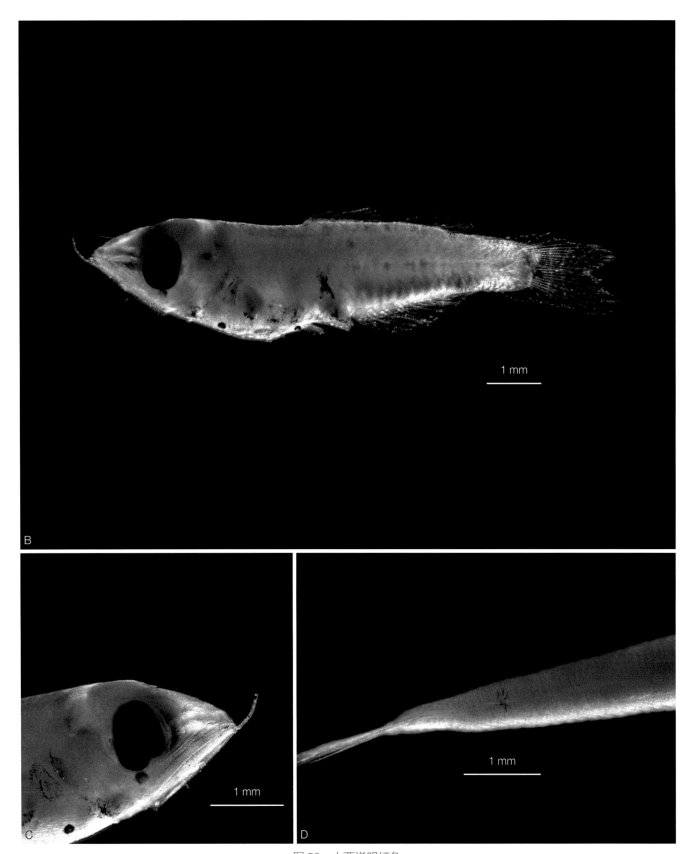

图 58 大西洋明灯鱼
A. 体长 4.00mm；B. 体长 8.35mm 仔鱼侧面观；C. 头部；D. 尾部

朗明灯鱼 *Diogenichthys laternatus* (Garman, 1899)（图59）

分　　布: 南海；太平洋等海域。

采 集 地: 南海北部

采集工具: WP2网

采集季节: 夏季

形态特征: 体长7.70mm的后屈曲期仔鱼（图59A、B），体侧扁，头部中大。下颌前端1个黑色素，眼下端发光器已经形成。胸部下端有1个色素斑，消化道中部有2个大的放射性色素斑，之间有1个胸部发光器；直肠上有1个大的黑色素。从肛门至尾柄肌体内有1列（10个）黑色素，尾下骨有1个黑色素。体长9.20mm的后屈曲期仔鱼（图59C），体侧扁，眼椭圆形，颊部后方及鳃盖后部均有1个黑色素，胸鳍基底前方有1个黑色素，后方有3个，腹鳍基底前方有1个黑色素。肛门上有1个黑色素，臀鳍鳍条上有7个黑色素，尾鳍下叶基部有1个黑色素。

参考文献: 万瑞景, 张仁斋. 2016. 中国近海及其邻近海域鱼卵与仔稚鱼. 上海: 上海科学技术出版社.

沖山宗雄. 2014. 日本産稚魚図鑑. 第二版. 秦野: 東海大学出版会.

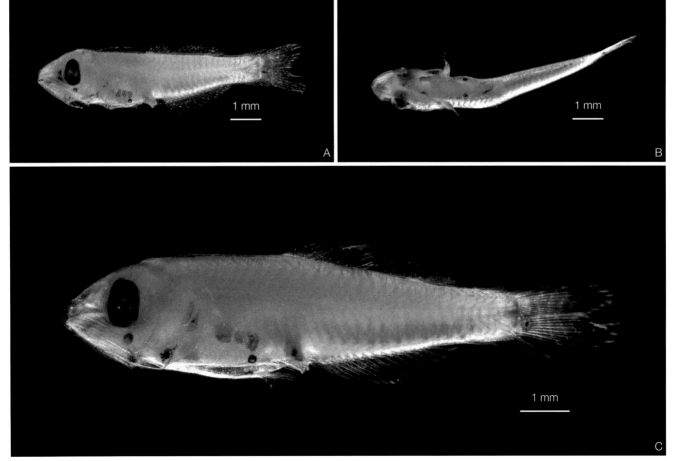

图 59　朗明灯鱼
A. 体长 7.70mm; B. 腹面观; C. 体长 9.20mm

近状灯鱼 *Hygophum proximum* Becker, 1965（图60）

分　　布: 南海；太平洋、印度洋亚热带海域。
采 集 地: 南海北部
采集工具: WP2网
采集季节: 夏季
形态特征: 体长6.00mm的前屈曲期仔鱼（图60A），体侧扁，头小，眼椭圆形，吻短而尖。胸鳍小扇状；背鳍鳍膜发达，鳍膜上有数个黑色素。肠管内部出现螺旋状的皱褶，肠道平直，肛门位于身体中部偏后位置，肠道上有5对色素斑。颊部有1对色素斑。肛门后躯体肌节中有1对色素斑。尾部体侧下缘有3个黑色素。体长15.70mm的幼鱼（图60B），体延长，体高较高，侧扁，头中等大，吻短。背鳍中等大，起点约位于体中部稍前的上方。臀鳍起点在背鳍末端的后下方。尾鳍深分叉，上下缘副鳍条柔软。鳃盖发光器2个，鳃盖条发光器3个，胸鳍下方发光器2个，胸部发光器5个，腹部发光器4个，肛门上方发光器3个，成钝角，体后侧发光器2个，臀前部发光器5个，沿臀鳍基部依次水平排列。臀后部发光器7个，尾前部发光器2个，两者距离较远，位置升高。

参考文献: 陈素芝.2002.中国动物志 硬骨鱼纲 灯笼鱼目 鲸口鱼目 骨舌鱼目.北京:科学出版社.
冲山宗雄.2014.日本産稚魚図鑑.第二版.秦野:東海大学出版会.

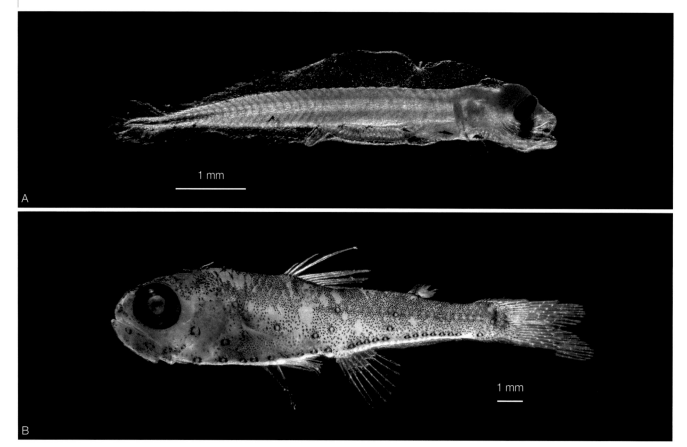

图60　近状灯鱼
A.体长 6.00mm；B.体长 15.70mm

莱氏壮灯鱼 *Hygophum reinhardtii* (Lütken, 1892)（图61）

分　　布: 南海；太平洋、印度洋、大西洋暖水海域。

采 集 地: 西太平洋

采集工具: WP2网

采集季节: 夏季

形态特征: 体长14.50mm的后屈曲期仔鱼，体侧扁，吻扁尖细长，眼柄长，眼椭圆状，消化管细长，上有规则环纹。背鳍、臀鳍已分化，臀鳍起始处位于背鳍基底末端下方。鳃盖侧面有1个黑色素，臀鳍基底有1列黑色素，尾消化道侧面有10个黑色素，肛门侧面有1个黑色素，尾柄下部体侧肌节中有数个细长状黑色素群。

参考文献: 沖山宗雄. 2014. 日本産稚魚図鑑. 第二版. 秦野: 東海大学出版会.

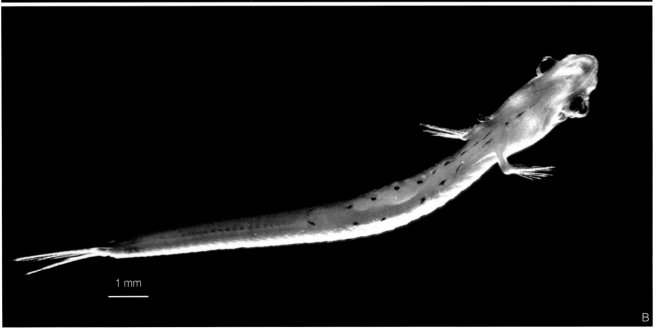

图61　莱氏壮灯鱼
A. 体长 14.50mm；B. 腹面观

尾光炬灯鱼 *Lampadena urophaos* Paxton,1963（图62）

分　　布：黄海、东海、南海；太平洋、印度洋、大西洋的热带、亚热带海域。

采集地：西太平洋

采集工具：WP2网

采集季节：夏季

形态特征：体长5.50mm的前屈曲期仔鱼，体呈纺锤形，侧扁度弱，吻短。消化管长，内有褶皱，肛门位于身体中部偏后。鳔背面、肛门上有1个大型黑色素；尾柄背面、腹面有1对大型黑色素，在腹面胸鳍之间有1个黑色素。

参考文献：冲山宗雄. 2014. 日本産稚魚図鑑. 第二版. 秦野: 東海大学出版会.

　　　　　William J R. 2006. Early Stage of Atlantic Fishes. London: Taylor & Francis Group.

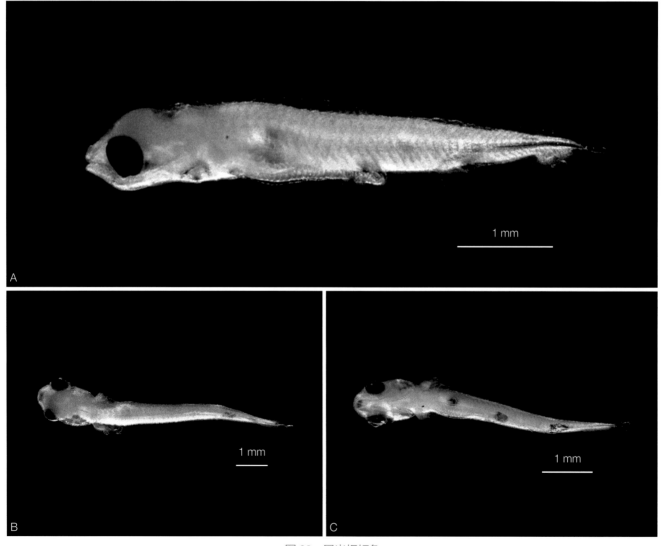

图62　尾光炬灯鱼
A. 体长 5.50mm；B. 背面观；C. 腹面观

珍灯鱼属未定种 *Lampanyctus* sp.（图63）

采 集 地：南海北部

采集工具：WP2网

采集季节：夏季

形态特征：体长6.50mm的后屈曲期仔鱼，体侧扁且短，头肩部高度显著大，尾部高度急剧减少。头大，吻尖且长，吻端呈齿状排列。眼圆形。肛门位于身体中央偏后位置，与臀鳍始部相连。脑前部和眼后下缘各有1个大型黑色素（后者为大型树状黑色素），鼻孔前有黑色素斑，脑后部中心位置有1个小黑色素，胸鳍基部有大型黑色素，鳍条上有黑色素散布。

参考文献：万瑞景, 张仁斋.2016.中国近海及其邻近海域鱼卵与仔稚鱼.上海:上海科学技术出版社.

沖山宗雄.2014.日本産稚魚図鑑.第二版.秦野:東海大学出版会.

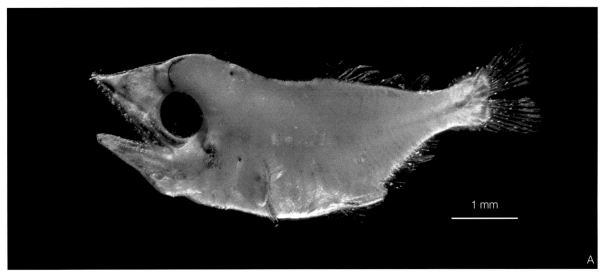

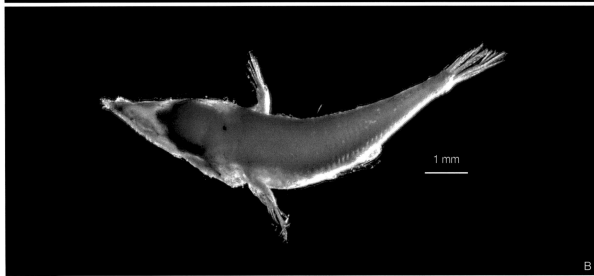

图63　珍灯鱼属未定种
A. 体长 6.50mm；B. 腹面观

粗鳞灯笼鱼 *Myctophum asperum* Richardson, 1845（图64）

分　　布：东海、南海；太平洋、印度洋、大西洋等热带和亚热带海域。

采 集 地：南海北部

采集工具：WP2网

采集季节：夏季

形态特征：体长5.20mm的后屈曲期仔鱼（图64A、B），体侧扁，中等伸长，背鳍、胸鳍已
　　　　　分化鳍条，背鳍鳍膜尚存在。眼椭圆形，下端组织黑化细长。腹腔梨形，消化道
　　　　　短，直肠后部加长，与体轴垂直。黑色素分布如下：脑部前端（1星状），鼻孔
　　　　　上端（1大型），锁骨后（2长条形），鳃盖骨后（1），胸鳍基部（1），背鳍基
　　　　　底始部（1），躯体中央脊椎上方（1长条形），臀鳍基底后端（1），尾部中央
　　　　　（1）。体长8.40mm的后屈曲期仔鱼（图64C），体呈纺锤形，稍侧扁，尾部较
　　　　　短，吻钝圆，上下颌约等长。背部隆起，腹部膨大，直肠粗短，肛门位于身体的
　　　　　中央偏后。背鳍、臀鳍已分化鳍条，背鳍条12，背鳍前的背窦鳍膜仍较高，脂鳍
　　　　　基本形成，臀鳍条17，胸鳍扇状。黑色素与前期相比变化不大，仅增加在躯体中
　　　　　央脊椎上方（2长条形）、背部脂鳍基底后端（1大型），另外，鳃盖条区发光器
　　　　　及鼻部背侧发光器已经出现。

参考文献：万瑞景, 张仁斋. 2016. 中国近海及其邻近海域鱼卵与仔稚鱼. 上海: 上海科学技术出
　　　　　版社.
　　　　　冲山宗雄. 2014. 日本産稚魚図鑑. 第二版. 秦野: 東海大学出版会.

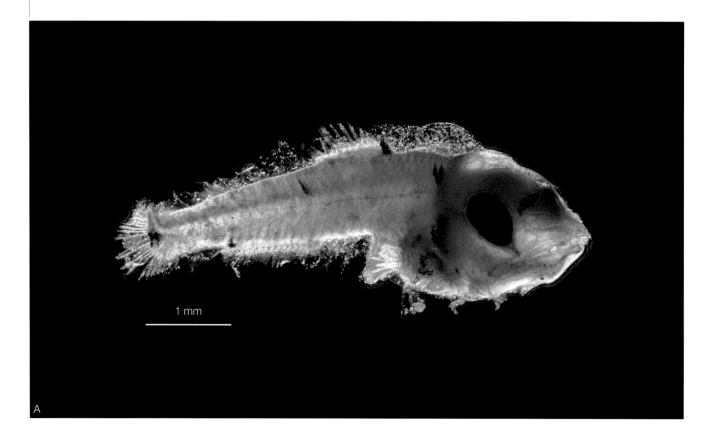

1 mm

A

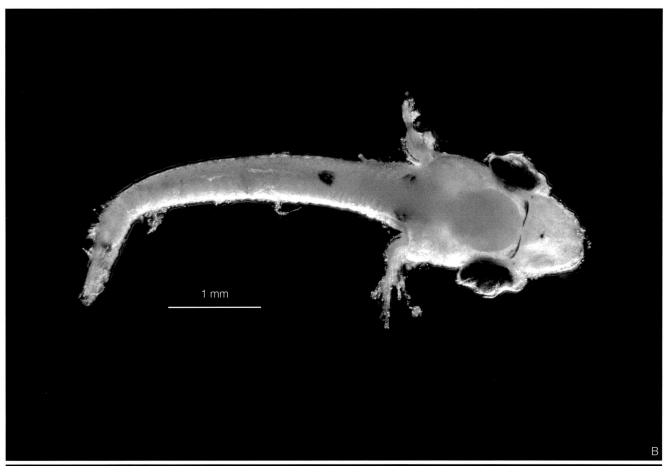

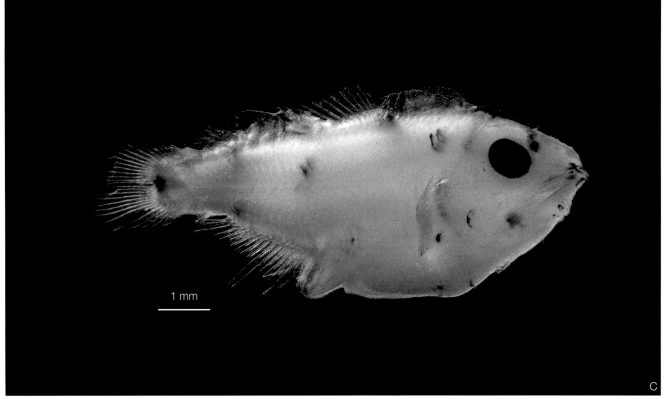

图 64　粗鳞灯笼鱼
A. 体长 5.20mm; B. 背面观; C. 体长 8.40mm

金焰灯笼鱼 *Myctophum aurolaternatum* Garman, 1899（图65）

分　　布：南海；太平洋热带、巴拿马海域。

采 集 地：南海北部

采集工具：WP2网

采集季节：夏季、秋季

形态特征：深海鱼类。体长4.20mm的前屈曲期仔鱼（图65A），体细长，头部扁平，有眼柄，与头部保持一定角度。消化管细长，肛门位于体中央。下颌部有5个小黑色素。消化管上有10个小黑色素，肛门后躯体下有3个黑色素。尾部的背腹缘各有1个大黑色素，脊索末端平直。体长6.30mm的前屈曲期仔鱼（图65B～E），眼柄加长，与头部保持水平，下颌部黑色素消失。消化管上有10个小黑色素，肛门后躯体下有1个黑色素。尾部的背腹缘各有1个大黑色素。

参考文献：冲山宗雄.2014.日本産稚魚図鑑.第二版.秦野:東海大学出版会.

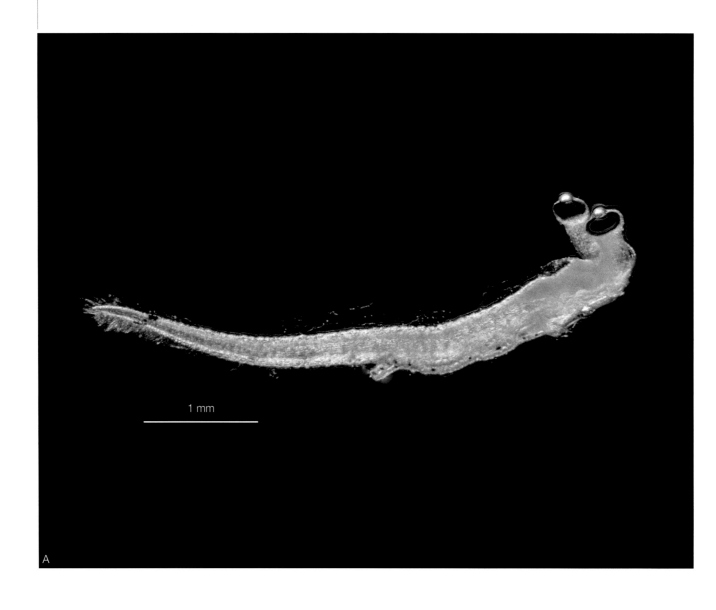

A

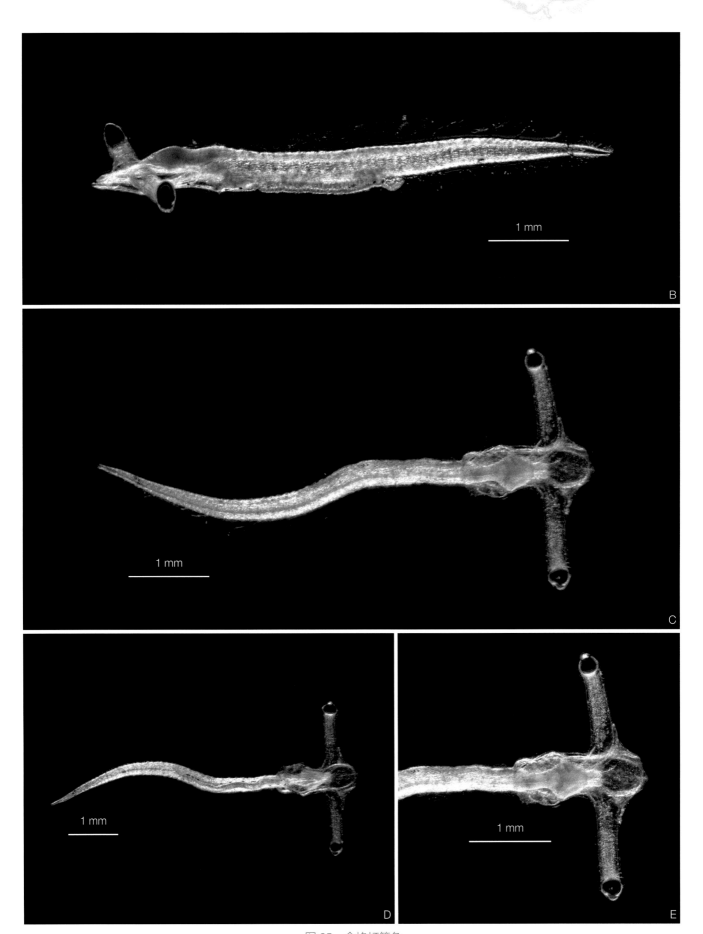

图 65　金焰灯笼鱼

A. 体长 4.20mm 仔鱼右侧面；B. 体长 6.30mm 仔鱼左侧面；C. 背面观；D. 腹面观；E. 头部

闪光灯笼鱼 *Myctophum nitidulum* Garman, 1899（图66）

分　　布：南海；太平洋、印度洋、大西洋等热带和亚热带海域。

采 集 地：西太平洋

采集工具：WP2网

采集季节：夏季

形态特征：体长6.10mm的前屈曲期仔鱼，体细长，侧扁，口裂大，有眼柄。胸鳍大，呈翼状，鳍条已发育完成。背鳍和脂鳍后端各有1个大型黑色素，消化道末端及臀鳍基底始部也各有1个大型黑色素。颊部、下颚前端、鳃盖下缘、胸鳍基部有数十个点状黑色素。脊索末端平直。

参考文献：万瑞景, 张仁斋. 2016. 中国近海及其邻近海域鱼卵与仔稚鱼. 上海: 上海科学技术出版社.

　　　　　冲山宗雄. 2014. 日本産稚魚図鑑. 第二版. 秦野: 東海大学出版会.

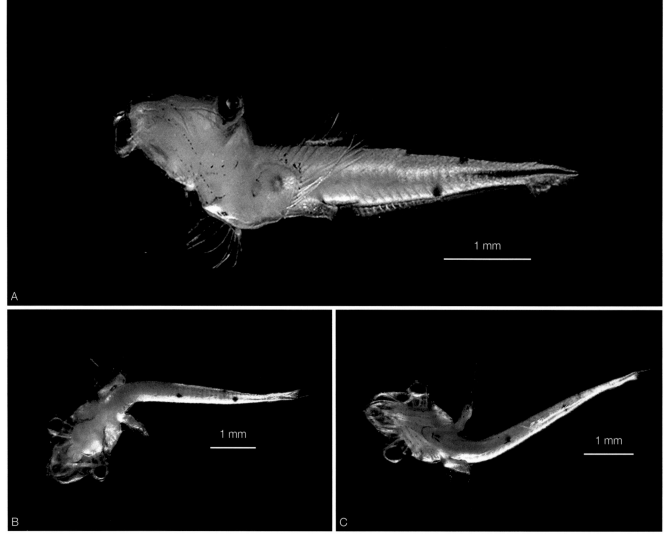

图66　闪光灯笼鱼

A. 体长 6.10mm；B. 背面观；C. 腹面观

克氏原灯笼鱼 *Protomyctophum crockeri* (Bolin, 1939)（图67）

分　　布：西北太平洋亚寒带海域，包括日本、鄂霍次克海、白令海等海域。

采 集 地：西北太平洋

采集工具：WP2网

采集季节：夏季

形态特征：体长6.80mm的后屈曲期仔鱼，体细长，头小吻尖，眼椭圆形。消化道较短，肛门在体中央前方，背鳍、腹鳍鳍膜较厚。肛门后肌节内黑色素欠缺，仅消化道中央侧面有1对黑色素。

参考文献：冲山宗雄. 2014. 日本産稚魚図鑑. 第二版. 秦野: 東海大学出版会.

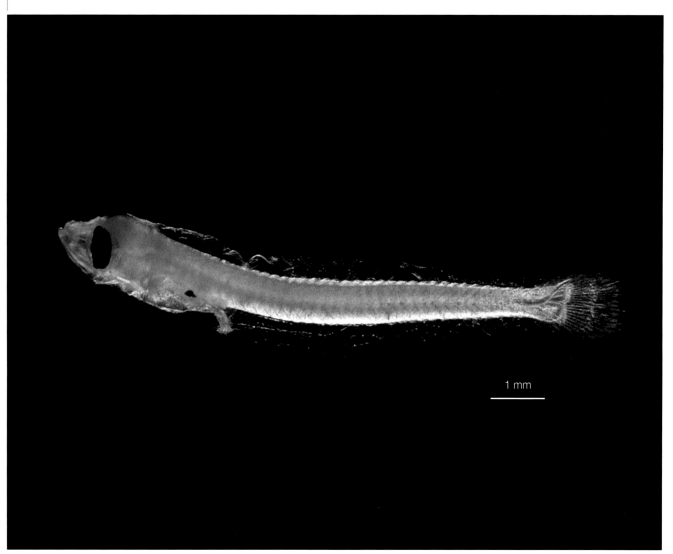

图 67　克氏原灯笼鱼
体长 6.80mm

加利福尼亚标灯鱼 *Symbolophorus californiensis* (Eigenmann & Eigenmann, 1889)（图68）

分　　布: 南海；北太平洋、日本周边海域。

采 集 地: 南海北部

采集工具: WP2网

采集季节: 夏季

形态特征: 体长6.00mm的前屈曲期仔鱼，头纵扁，吻尖长，眼有短柄，呈椭圆状。背鳍、腹鳍鳍膜低。消化道细长，肛门位于躯体的中部。吻端下颚愈合部有1对黑色素，消化道侧面上有3对黑色素，肛门上有1对黑色素。肛门后躯干肌节中有8个黑色素。

参考文献: 沖山宗雄. 2014. 日本産稚魚図鑑. 第二版. 秦野: 東海大学出版会.

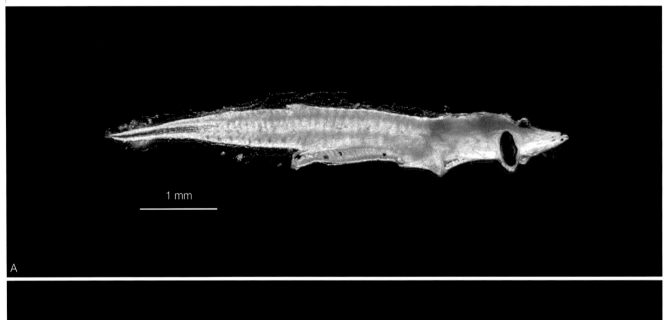

1 mm

A

1 mm

B

图68　加尼福尼亚标灯鱼
A. 体长 6.00mm；B. 背面观

埃氏标灯鱼 *Symbolophorus evermanni* (Gilbert,1905)（图69）

分　　布: 南海；太平洋、印度洋等热带海域。

采 集 地: 南海北部

采集工具: WP2网

采集季节: 夏季

形态特征: 体长10.00mm的后屈曲期仔鱼，体侧扁且延长，头纵扁且较小。吻细长且尖，口裂较深，达眼缘后下方。眼椭圆形，有短柄与头部相连。消化管细长，肛门在体中央的位置。胸鳍柄较长，呈翼状，黑色素分布于胸鳍鳍条间。肛门处有1个黑色素。

参考文献: 万瑞景, 张仁斋. 2016. 中国近海及其邻近海域鱼卵与仔稚鱼. 上海: 上海科学技术出版社.

冲山宗雄. 2014. 日本産稚魚図鑑. 第二版. 秦野: 東海大学出版会.

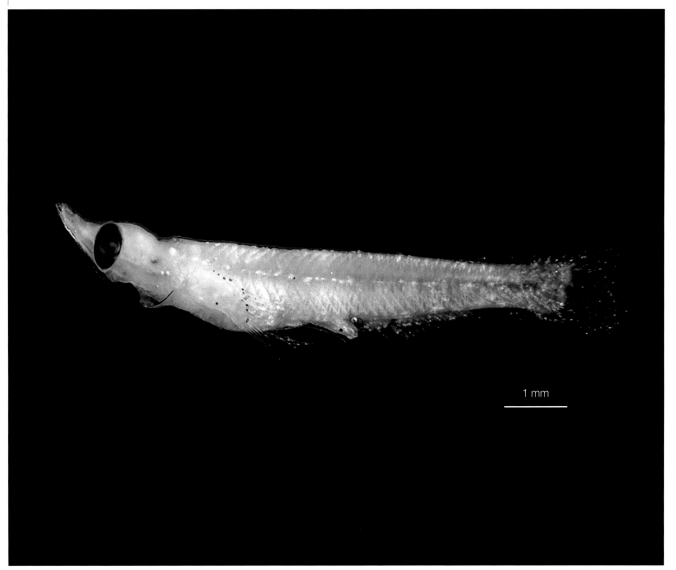

图 69　埃氏标灯鱼
体长 10.00mm

标灯鱼属未定种 *Symbolophorus* sp.（图70）

采 集 地: 南海北部
采集工具: WP2网
采集季节: 夏季
形态特征: 体长6.40mm的屈曲期仔鱼，头纵扁，吻尖长，眼有短柄，呈椭圆状。背鳍、腹鳍膜低。消化道细长，肛门位于躯体的中部。吻端下颌愈合部有1对黑色素，颊部有1对黑色素，肠道上有2对黑色素，肛门处有1对黑色素。胸鳍基部有1对黑色素，末梢分布黑色素。

参考文献: 沖山宗雄. 2014. 日本産稚魚図鑑. 第二版. 秦野: 東海大学出版会.

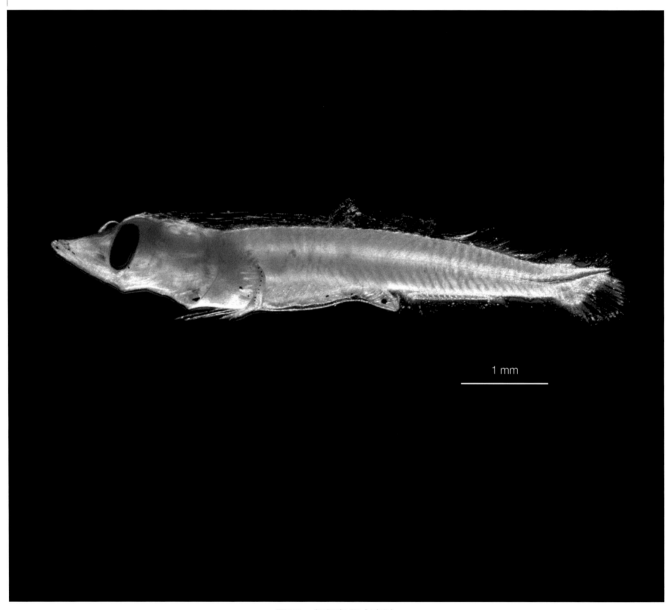

1 mm

图 70　标灯鱼属未定种
体长 6.40mm

泰勒灯鱼 *Tarletonbeania taylori* Mead,1953（图71）

分　　布：西北太平洋亚寒带海域。

采 集 地：西北太平洋

采集工具：WP2网

采集季节：夏季

形态特征：体长9.60mm的屈曲期仔鱼，体侧扁，躯干、尾部细长；眼椭圆状向后倾斜，眼下端有黑化的脉络组织；胸鳍体下位，扇状，鳍膜上有黑色素；直肠细长，末端向下凸出；背鳍、腹鳍鳍膜透明宽大；尾部背部中线上有1个大型树枝状黑色素。

参考文献：冲山宗雄.2014.日本産稚魚図鑑.第二版.秦野:東海大学出版会.

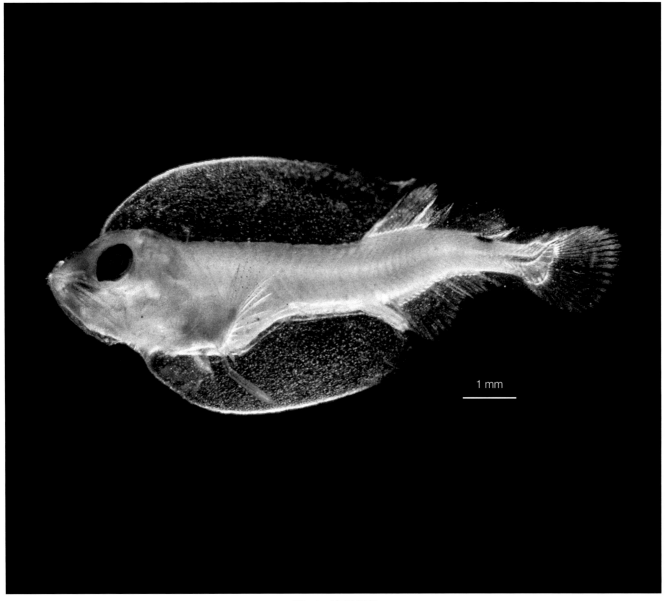

图 71　泰勒灯鱼
体长 9.60mm

鳕形目
Gadiformes

8.1 犀鳕科 Bregmacerotidae

大西洋犀鳕 *Bregmaceros atlanticus* Goode & Bean, 1886（图72）

分　　布：南海、东海；太平洋、印度洋、大西洋的热带、亚热带与温带海域。
采 集 地：南海北部
采集工具：WP2网
采集季节：夏季
形态特征：体长3.20mm的前屈曲期仔鱼，体侧扁且延长，头大，口上位。腹腔较大，消化管粗短。下颌端、鼻孔下吻端、眼后、头顶、腹腔以及鱼体体侧散布大小不一的黑色素。

参考文献：万瑞景, 张仁斋. 2016. 中国近海及其邻近海域鱼卵与仔稚鱼. 上海: 上海科学技术出版社.
　　　　　张仁斋, 陆穗芬, 赵传绸, 等. 1985. 中国近海鱼卵与仔鱼. 上海: 上海科学技术出版社.
　　　　　William J R. 2006. Early Stage of Atlantic Fishes. London: Taylor & Francis Group.

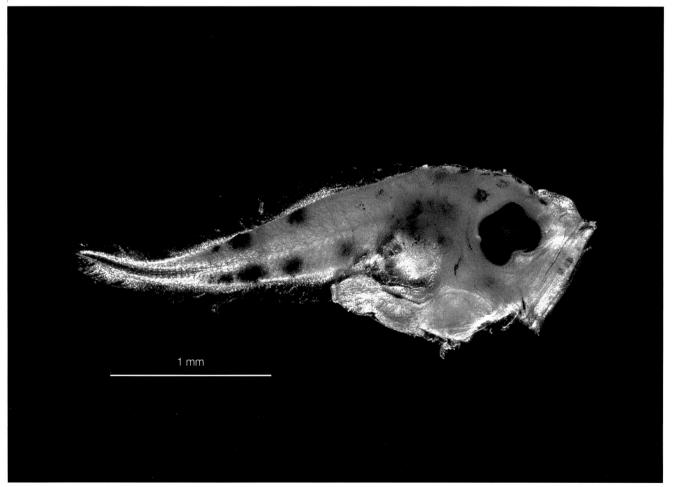

1 mm

图 72　大西洋犀鳕
体长 3.20mm

深游犀鳕 *Bregmaceros bathymaster* Jordan & Bollman,1890 （图73）

分　　布：南海北部，海南岛东岸，珠江口外海；太平洋海域。

采 集 地：南海北部

采集工具：WP2网

采集季节：夏季

形态特征：体长4.60mm的前屈曲期仔鱼（图73A），体侧扁，眼圆形，尾部细长，吻钝长。口斜位，口裂达眼中央的下方。腹腔近似圆形，肛门前位。背鳍鳍膜以及臀鳍鳍膜较低。第一背鳍为一独立鳍条。第二背鳍未分化。腹鳍条有6根，细长。胸鳍牛耳状，位较高。腹腔上有色素沉着。脊索末端平直。体长5.50mm的后屈曲期仔鱼（图73B），腹部膨大，腹腔上缘黑色素聚集。第一背鳍为一独立鳍条，第二背鳍和臀鳍相对应，向后延伸一直和尾鳍相连。腹鳍有6根细长鳍条。

参考文献：万瑞景，张仁斋.2016.中国近海及其邻近海域鱼卵与仔稚鱼.上海:上海科学技术出版社.

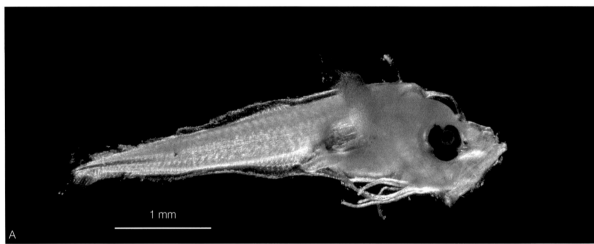

图73　深游犀鳕
A.体长 4.60mm；B.体长 5.50mm

日本犀鳕 *Bregmaceros japonicus* Tanaka, 1908（图74）

分　　布：南海、台湾；西太平洋海域。
采 集 地：南海北部
采集工具：WP2网
采集季节：夏季
形态特征：体长15.70mm的后屈曲期仔鱼，头较小，眼小，圆形。第一背鳍为单一的鳍条，细长，位于头顶上方，第二背鳍起点与臀鳍相对。腹鳍喉位有6根丝状鳍条，向后伸达体中部。腹腔长形，上有黑色素沉着。头部和体侧上有大小不一、形态各异的星状和小菊花状黑色素。

参考文献：万瑞景, 张仁斋. 2016. 中国近海及其邻近海域鱼卵与仔稚鱼. 上海: 上海科学技术出版社.
沖山宗雄. 2014. 日本産稚魚図鑑. 第二版. 秦野: 東海大学出版会.

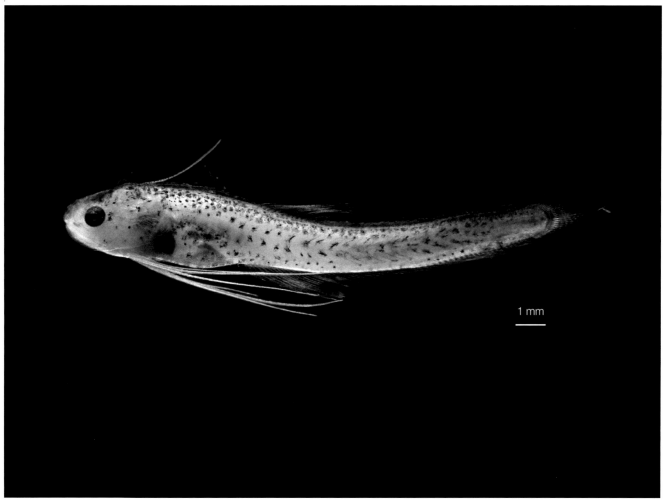

图 74　日本犀鳕
体长 15.70mm

麦氏犀鳕 *Bregmaceros mcclellandi* Thompson, 1840（图75）

分　　布: 东海南部、南海；太平洋、印度洋海域。

采 集 地: 南海北部

采集工具: WP2网

采集季节: 夏季

形态特征: 属于热带及亚热带温水性远洋及较深海区上层小浮鱼类。体长7.80mm的后屈曲
期仔鱼（图75A），体侧扁，尾部细长。腹腔似桃形，肛门位于体中央偏前位
置。第一背鳍短，第二背鳍始部发达，第二背鳍始部位于臀鳍始部的正上方。腹
鳍喉位，鳍条6根，向后伸达肛门。黑色素遍布全身。体长10.70mm的稚鱼（图
75B），体型侧扁，头部较大，尾部延长。腹腔近似三角形，消化管较短，肛门
位于体中央稍前。背鳍、臀鳍、尾鳍和胸鳍的形状变化不大，腹鳍有6根延长的鳍
条，最长鳍条末端超越臀鳍起点。黑色素遍布全身。

参考文献: 万瑞景,张仁斋.2016.中国近海及其邻近海域鱼卵与仔稚鱼.上海:上海科学技术出
版社.

张仁斋,陆穗芬,赵传绲,等.1985.中国近海鱼卵与仔鱼.上海:上海科学技术出版社.

图 75　麦氏犀鳕
A. 体长 7.80mm；B. 体长 10.70mm

银腰犀鳕 *Bregmaceros nectabanus* Whitley, 1941（图76）

分　　布：南海；太平洋、印度洋、大西洋的热带、亚热带海域。

采 集 地：太平洋

采集工具：WP2网

采集季节：夏季

形态特征：体长6.60mm的后屈曲期仔鱼（图76A），体侧扁，头较大，尾部细长。口斜位，口裂达眼中央的下方，吻钝。腹部膨大，腹腔似三角形。头后背部出现1根独立的背鳍条，其后，在肛门直上方的背部出现短的鳍条并与尾鳍相连。臀鳍鳍基较长，鳍条与背鳍一样与尾鳍相连。腹鳍喉位，有6根，最长鳍条末端超越臀鳍起点。眼后上方、头顶以及腹腔上均有黑色素。体后部体侧中线上有2个大的黑色素。体长16.20mm的稚鱼（图76B），眼变小，腹部明显缩小。背鳍和臀鳍前部和后部的鳍条增长，背鳍和臀鳍与尾鳍完全分离。自头后独立鳍条下，沿着体侧背缘出现1行星状黑色素，尾部的黑色素排成2行，臀鳍基底有1排黑色素。

参考文献：万瑞景, 张仁斋. 2016. 中国近海及其邻近海域鱼卵与仔稚鱼. 上海: 上海科学技术出版社.

沖山宗雄. 2014. 日本産稚魚図鑑. 第二版. 秦野: 東海大学出版会.

图 76　银腰犀鳕
A. 体长 6.60mm；B. 体长 16.20mm

鮟鱇目
Lophiiformes

9.1 鮟鱇科 Lophiidae

黄鮟鱇 *Lophius litulon* (Jordan,1902)（图77）

分　　布：中国近海海域；西太平洋、朝鲜半岛及日本。
采 集 地：东海
采集工具：大型浮游生物网
采集季节：春季
形态特征：体长7.55mm的前屈曲期仔鱼，体细长，背鳍、腹鳍鳍膜发达，肛门位于身体前
　　　　　方，头后部有3根鳍条延长，第一鳍条最长，鳍条末端有星状黑色素。腹腔两侧各
　　　　　生出一长一短2根腹鳍鳍条，长的呈飘带状，中部和末端有大块黑色素斑。鱼体上
　　　　　有3个丛星状黑色素，头顶、眼上缘、眼后缘、胸鳍基部有黑色素。

参考文献：万瑞景，张仁斋.2016.中国近海及其邻近海域鱼卵与仔稚鱼.上海:上海科学技术出
　　　　　版社.
　　　　　冲山宗雄.2014.日本産稚魚図鑑.第二版.秦野:東海大学出版会.

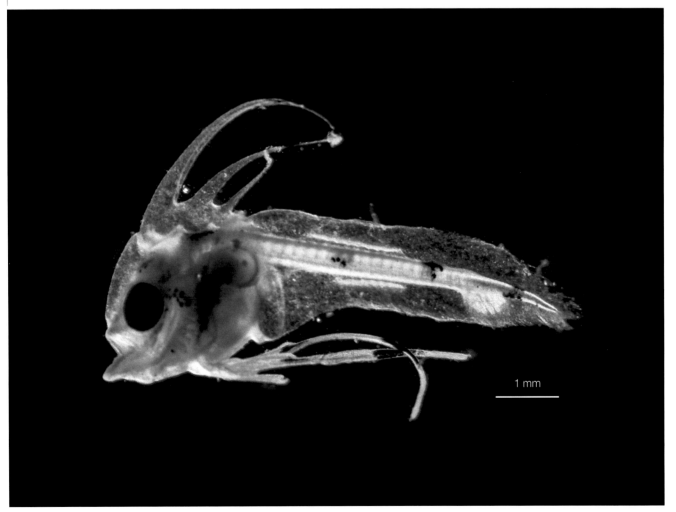

图 77　黄鮟鱇
体长 7.55mm

9.2 躄鱼科 Antennariidae

裸躄鱼 *Histrio histrio* (Linnaeus,1758)（图78）

分　　布：黄海、南海及台湾沿海；太平洋、印度洋、大西洋。
采 集 地：南海北部
采集工具：WP2网
采集季节：夏季
形态特征：体长5.20mm的后屈曲期仔鱼，体呈卵圆形，除腹鳍外，其他鳍膜消失，鳍条分化
　　　　　中，背鳍、臀鳍鳍条的尖端向皮膜外伸长，皮膜收缩，体表小棘不发达。尾鳍后
　　　　　缘呈分枝状。

参考文献：沖山宗雄.2014.日本産稚魚図鑑.第二版.秦野:東海大学出版会.

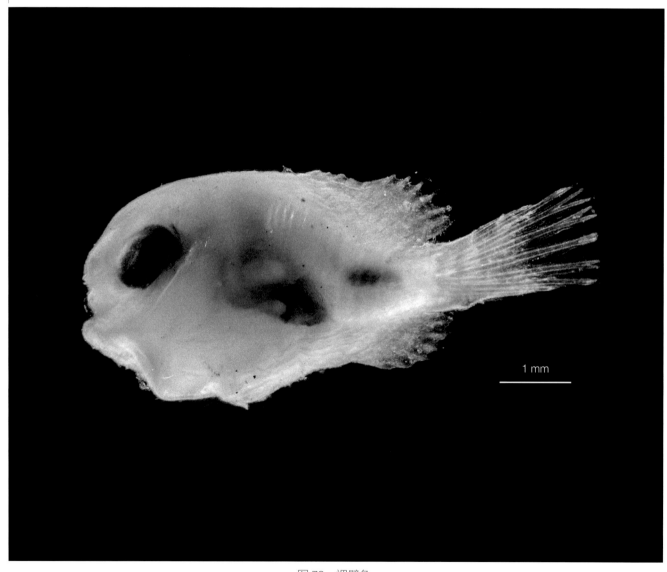

1 mm

图78　裸躄鱼
体长 5.20mm

9.3 树须鱼科 Linophrynidae

新西兰树须鱼 *Linophryne arborifera* Regan, 1925（图79）

分　　布：南海；太平洋区的日本及新西兰、大西洋热带及亚热带海域。

采 集 地：南海北部

采集工具：WP2网

采集季节：夏季

形态特征：属深海鱼类。体长10.30mm的后屈曲期仔鱼，体型细长，皮膜显著膨胀，背鳍、胸鳍、臀鳍、尾鳍鳍条已形成。体侧分布点状黑色素。背鳍鳍条数为3，臀鳍鳍条数为3，尾鳍鳍条数为9。上颌、下颌犬齿发达。

参考文献：冲山宗雄.2014.日本産稚魚図鑑.第二版.秦野:東海大学出版会.

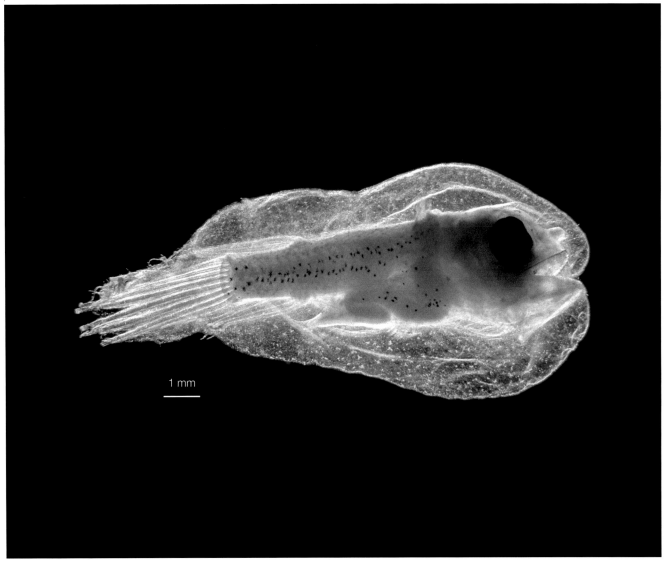

1 mm

图 79　新西兰树须鱼
体长 10.30mm

10

鯔形目
Mugiliformes

10.1 **鲻科** Mugilidae

龟鲹 *Chelon haematocheilus* (Temminck & Schlegel, 1845)（图80）

分　　布：渤海、黄海、东海和南海近海；日本、朝鲜和俄罗斯等。

采 集 地：东海

采集工具：WP2网

采集季节：春季

形态特征：体长7.20mm的屈曲期仔鱼（图80A～C），体侧扁，眼睛较大，呈圆形。腹腔膨大，肛门在体中央后方位置。第二背鳍、臀鳍已分化并产生数根鳍条。体背面、腹面和正中线上都有1排黑色素分布，腹腔背缘有1排菊花状黑色素，吻部和头顶也有色素细胞分布。脊索末端向上弯曲。体长22.00mm的稚鱼（图80D），体色淡黄，体型侧扁，眼睛较大。第一背鳍和指状幽门盲囊均都形成。胸鳍中位，第一背鳍在体中央的位置。背鳍Ⅳ，9；臀鳍Ⅲ，10。头部、背侧部、体侧正中线上、背鳍、臀鳍基底均有黑色素分布，特别是体侧正中线上，形成了暗色纵带。

参考文献：冲山宗雄. 2014. 日本産稚魚図鑑. 第二版. 秦野: 東海大学出版会.

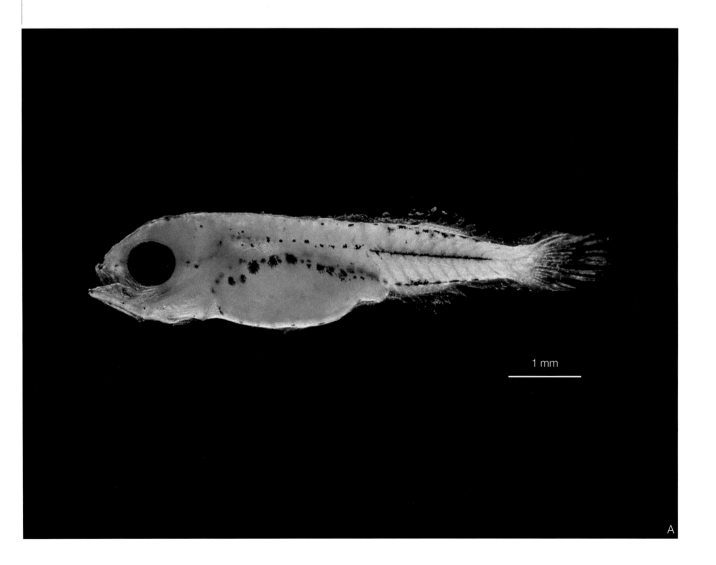

1 mm

A

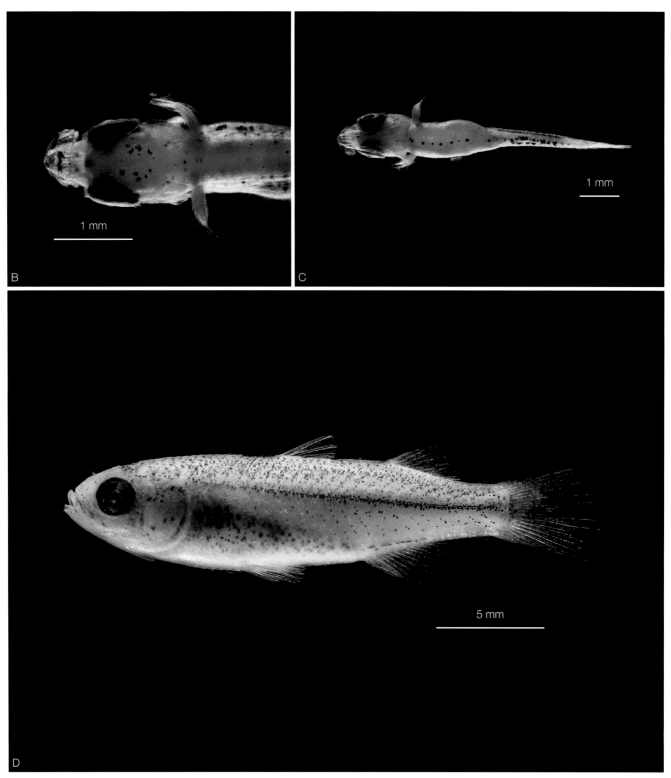

图 80   龟鲛
A. 体长 7.20mm；B. 头部背面观；C. 腹面观；D. 体长 22.00mm

颌针鱼目
Beloniformes

11.1 飞鱼科 Exocoetidae

阿氏须唇飞鱼 *Cheilopogon abei* Parin, 1996（图81）

分　　布：西北太平洋海域。

采 集 地：太平洋

采集工具：WP2网

采集季节：夏季

形态特征：体长9.10mm的后屈曲期仔鱼，眼大，呈圆形。胸鳍和尾鳍大，腹鳍短，位于体前
　　　　　方位置，背鳍、臀鳍处在相对的位置。头顶上有点状黑色素，背鳍基底有1列黑色
　　　　　素直达尾柄根部。在体中央后部的侧线上有1列黑色素，尾柄中央有几个黑色素。

参考文献：冲山宗雄.2014.日本産稚魚図鑑.第二版.秦野:東海大学出版会.

1 mm

图81　阿氏须唇飞鱼
体长 9.10mm

白鳍飞鱵 *Oxyporhamphus micropterus micropterus* (Valenciennes,1847)（图83）

分　　布：印度洋-泛太平洋区的热带及亚热带水域。

采 集 地：太平洋

采集工具：WP2网

采集季节：夏季

形态特征：体长4.80mm的后屈曲期仔鱼，体侧扁细长，吻短，眼大，呈圆形。背鳍、臀鳍和尾鳍开始形成。头顶、鳃盖后缘分布有星状黑色素。腹部不透明，上有大型黑色素。背鳍基底和臀鳍基底左右两侧各有1列黑色素直达尾柄根部。尾柄中央有几个黑色素。

参考文献：冲山宗雄.2014.日本産稚魚図鑑.第二版.秦野:東海大学出版会.

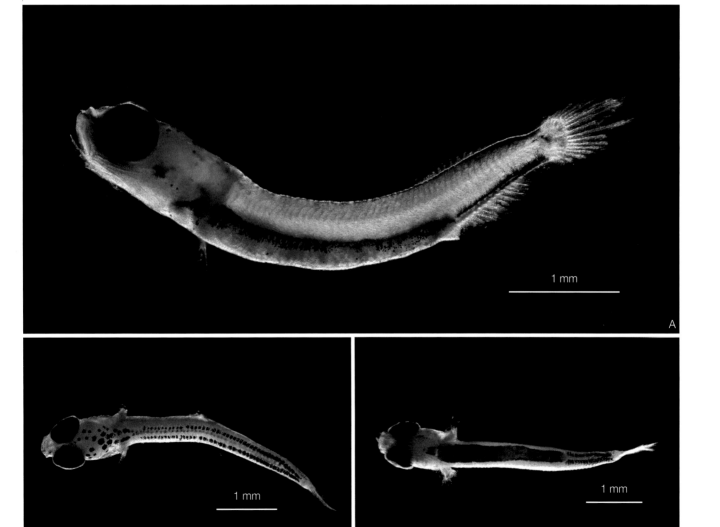

图 83　白鳍飞鱵
A. 体长 4.80mm；B. 背面观；C. 腹面观

11.2 鱵科 Hemiramphidae

黑鳍鱵 *Hemiramphus convexus* Weber & de Beaufort, 1922（图82）

分　　布：南海；西太平洋、印度洋海域的温暖水域。
采 集 地：南海北部
采集工具：WP2网
采集季节：夏季
形态特征：体长4.50mm的后屈曲期仔鱼（图82A），体侧扁细长，吻短，眼大，呈圆形。背
　　　　　鳍和臀鳍开始形成。头顶、鳃盖后缘分布有斑点状黑色素。腹腔上有1列色斑，背
　　　　　鳍基底和臀鳍基底各有1列黑色素直达尾柄根部。尾柄中央有几个色素斑。体长
　　　　　12.40mm的后屈曲期仔鱼（图82B），体侧扁细长，下吻喙状突出，背鳍条数12，
　　　　　臀鳍条数14。腹部略透明，腹腔上有2列大的色素斑；头部色斑呈点状；背鳍基底
　　　　　和臀鳍基底各有1列黑色素直达尾柄根部。腹鳍位于鳃盖骨后缘至尾鳍起点的中点
　　　　　偏后位置。尾鳍下叶显著伸长。

参考文献：冲山宗雄.2014.日本産稚魚図鑑.第二版.秦野:東海大学出版会.

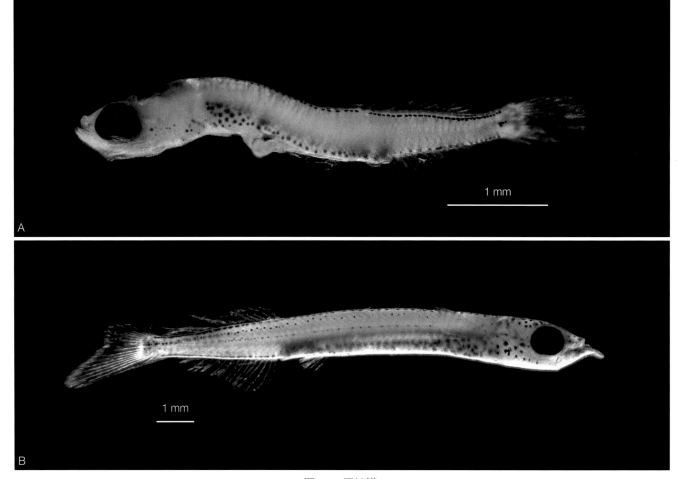

图 82　黑鳍鱵
A. 体长 4.50mm；B. 体长 12.40mm

金眼鯛目
Beryciformes

12.1 鳂科 Holocentridae

锯鳞鱼属未定种 *Myripristis* sp.（图84）

采 集 地：南海
采集工具：WP2网
采集季节：夏季
形态特征：体长3.80mm的前屈曲期仔鱼，体侧扁，吻棘短，棘端前部分成2叉。眼圆，眶上骨
　　　　　脊隆起，上缘有锯齿刺鳍条尚未分化，枕骨具1个向后的强大利棘。前鳃盖骨下角
　　　　　棘发达，上下缘均有锯齿。头顶有1对黑色素，吻部黑色素不发达，身体中部背腹
　　　　　两侧各有3个黑色素。脊索末端平直。

参考文献：冲山宗雄.2014.日本産稚魚図鑑.第二版.秦野:東海大学出版会.

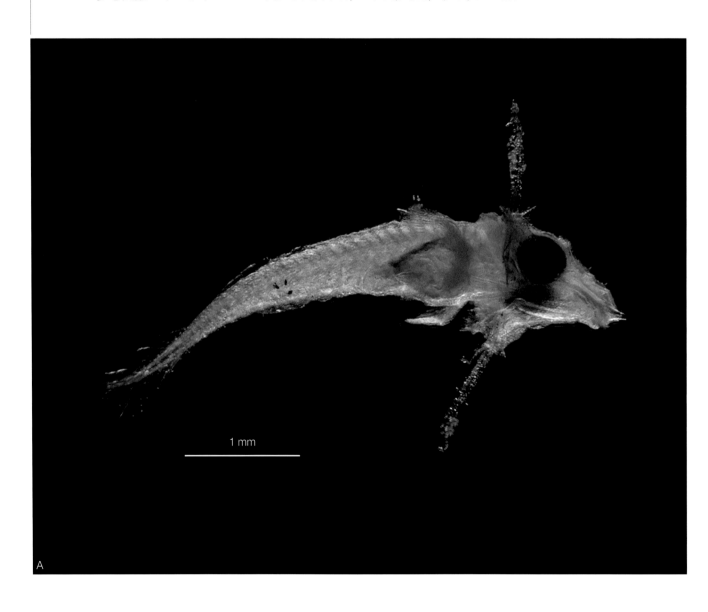

1 mm

A

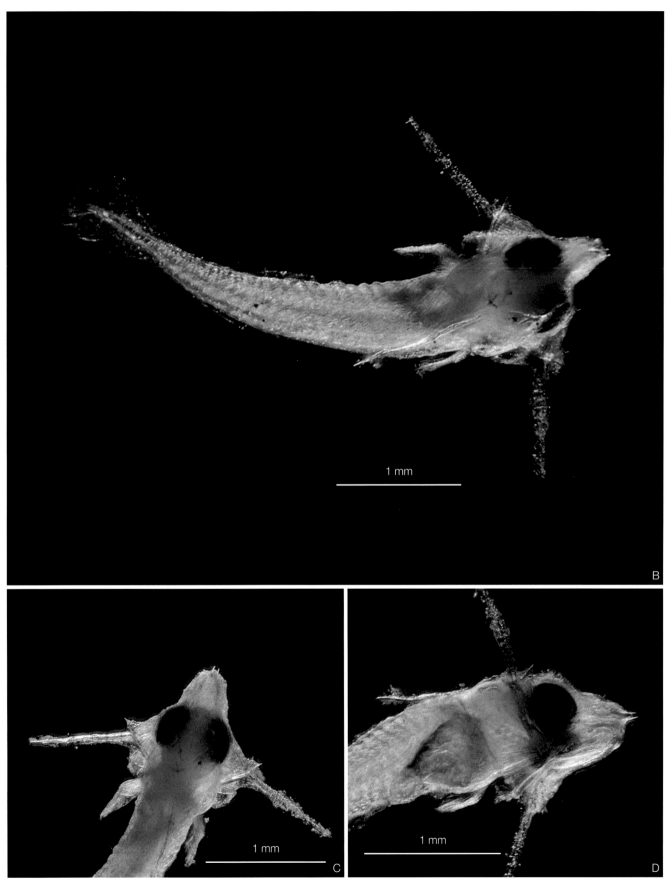

图 84　锯鳞鱼属未定种（体长 3.80mm）
A. 腹面观；B. 背面观；C. 头部背面观；D. 头部侧面观

棘鳞鱼属未定种 *Sargocentron* sp.（图85）

采 集 地：南海
采集工具：WP2网
采集季节：夏季
形态特征：体长5.70mm的前屈曲期仔鱼，体侧扁，头大，吻棘状，吻棘上下缘均有锯齿。眼大，圆形，头顶枕骨具1个向后的强大利棘，其上下缘均有锯齿。眶上骨脊隆起，有锯齿刺，前鳃盖骨下角棘发达，上下缘有锯齿刺，向后可伸越肛门。腹腔三角形，具密集黑色素。头顶有数个黑色素。

参考文献：冲山宗雄. 2014. 日本産稚魚図鑑. 第二版. 秦野: 東海大学出版会.

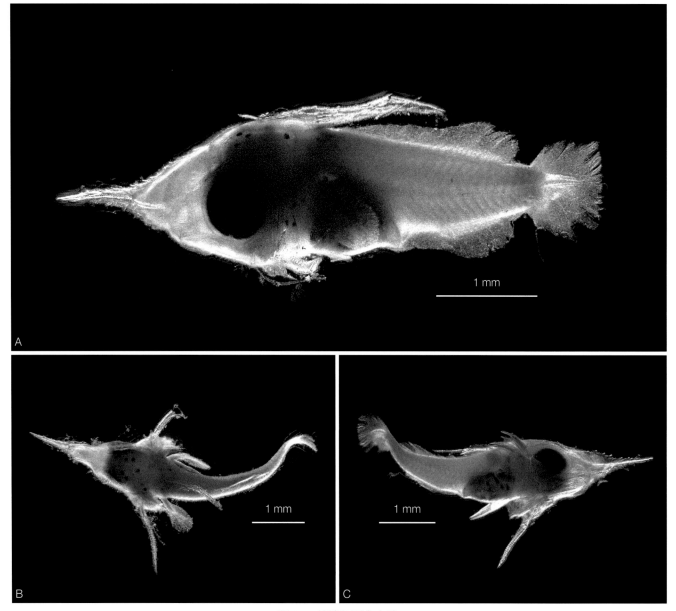

图 85　棘鳞鱼属未定种
A. 体长 5.70mm；B. 背面观；C. 腹面观

13

刺鱼目
Gasterosteiformes

13.1 **海龙科** Syngnathidae

海龙科未定种 Syngnathidae sp.（图86）

采 集 地: 东海
采 集 工 具: WP2网
采 集 季 节: 夏季
形 态 特 征: 体长9.70mm的后屈曲期仔鱼，体细长，吻突出，眼圆。肛门位于体中央前部。尾鳍
　　　　　形成，背鳍基底形成，但还处于鳍膜状。躯干部骨环的背侧面和腹侧面呈小棘状。

参 考 文 献: 冲山宗雄. 2014. 日本産稚魚図鑑. 第二版. 秦野: 東海大学出版会.

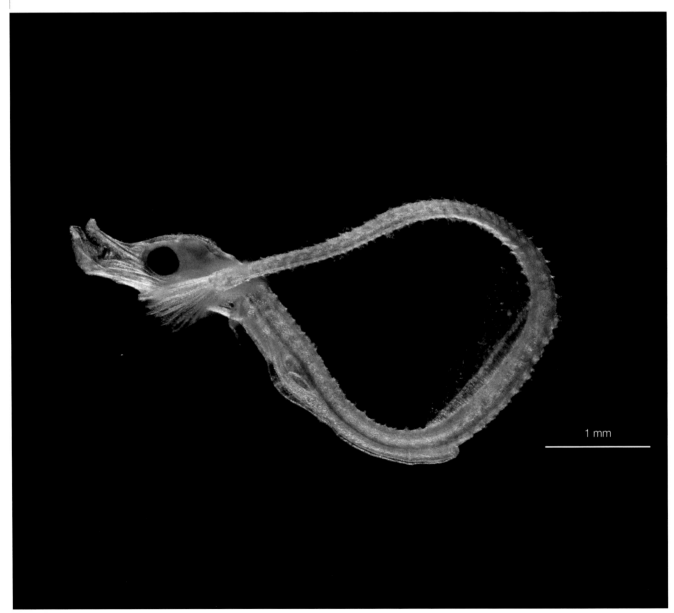

1 mm

图86　海龙科未定种
体长 9.70mm

鲉形目
Scorpaeniformes

14.1　鲉科 Scorpaenidae

鲉科未定种 Scorpaenidae sp.（图87）

采 集 地：南海北部
采集工具：WP2网
采集季节：夏季
形态特征：体长5.00mm的后屈曲期仔鱼，体侧扁，口裂伸达眼中央的下方。头顶枕骨棘发达，其上有锯齿。具眶上棘。前鳃盖骨棘3枚。胸鳍大，呈大团扇状。肛门位于体中央稍后。胸鳍鳍条间膜上具浓密的点状黑色素。脊索末端向上弯曲。

参考文献：万瑞景, 张仁斋. 2016. 中国近海及其邻近海域鱼卵与仔稚鱼. 上海: 上海科学技术出版社.
　　　　　冲山宗雄. 2014. 日本産稚魚図鑑. 第二版. 秦野: 東海大学出版会.

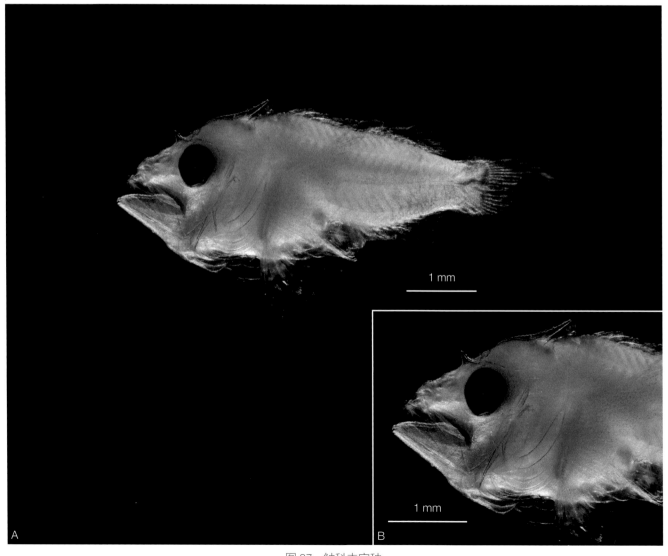

1 mm

1 mm

A

B

图87　鲉科未定种
A. 体长 5.00mm；B. 头部

14.2 鲬科 Platycephalidae

鲬科未定种 Platycephalidae sp.（图88）

采 集 地：南海北部
采集工具：WP2网
采集季节：夏季
形态特征：体长6.30mm的后屈曲期仔鱼。体侧扁，吻伸长，口颌后端超过眼中央。肛门位于
　　　　　体中央靠后的位置；头部眼后棘、头顶棘、前鳃盖骨棘发达。胸鳍较大。

参考文献：冲山宗雄.2014.日本産稚魚図鑑.第二版.秦野:東海大学出版会.

1 mm

图 88　鲬科未定种
体长 6.30mm

鲬属未定种 *Platycephalus* sp.（图89）

采 集 地：东海
采集工具：WP2网
采集季节：冬季
形态特征：体长6.50mm的前屈曲期仔鱼，体侧扁，眼圆形。消化道较粗，肛门约位于体中
　　　　　部。枕骨棘1对，眶上棘显著，前鳃盖骨棘4枚。臀鳍、背鳍以鳍膜的状态与尾鳍
　　　　　相连，胸鳍较发达，其上有色素细胞分布。吻端、鳃盖部、肛门上方体侧均有色
　　　　　素细胞分布。腹部从胸部到尾柄有1排色素细胞。

参考文献：冲山宗雄.2014.日本産稚魚図鑑.第二版.秦野：東海大学出版会.

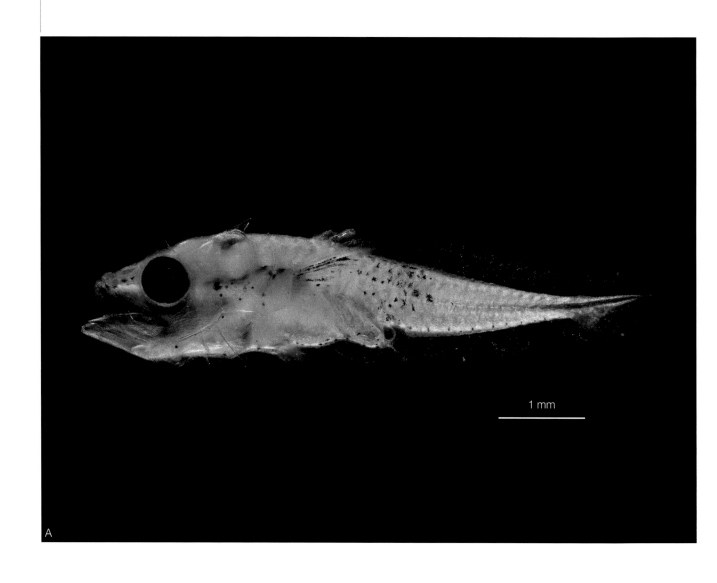

A

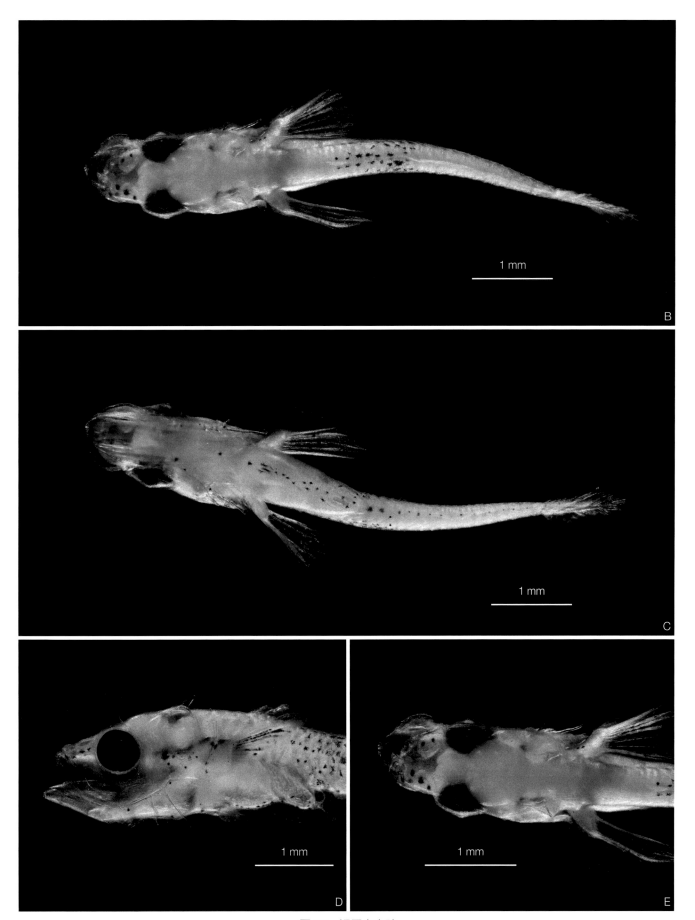

图 89　鲬属未定种

A. 体长 6.50mm；B. 背面观；C. 腹面观；D. 前鳃盖骨棘；E. 仔鱼头顶棘

14.3 杜父鱼科 Cottidae

松江鲈鱼 *Trachidermus fasciatus* Heckel, 1837（图90）

分　　布：原产于中国、日本和韩国的海岸线。中国渤海近岸地区至厦门均产此鱼。

采 集 地：东海

采集工具：中型浮游生物网

采集季节：夏季

形态特征：全长9.70mm的屈曲期仔鱼，头呈平扁形。躯干部侧扁。头顶枕部两侧各有3枚小棘，各棘有皮膜相连。前鳃盖骨后缘有4枚小棘。脊椎末端上翘。腹腔与躯干交界处有8个黑色素。腹腔腹面有1列不连续的黑色素。

参考文献：张仁斋, 陆穗芬, 赵传绸, 等. 1985. 中国近海鱼卵与仔鱼. 上海: 上海科学技术出版社. 冲山宗雄. 2014. 日本産稚魚図鑑. 第二版. 秦野: 東海大学出版会.

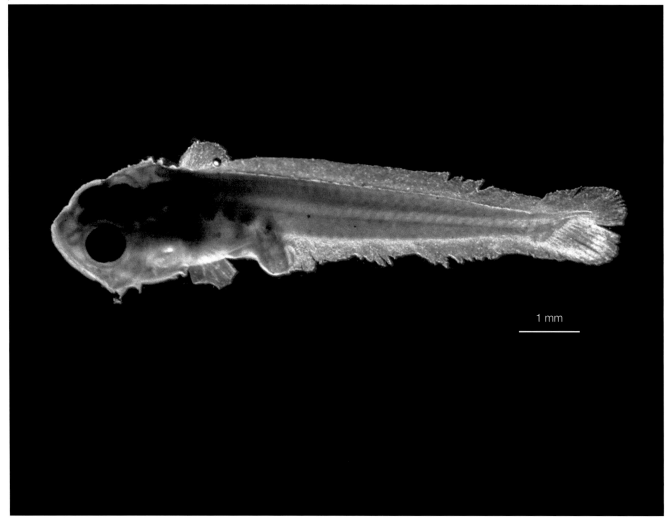

图 90　松江鲈鱼
体长 9.70mm

鲈形目
Perciformes

15.1 **花鲈科** Lateolabracidae

花鲈属未定种 *Lateolabrax* sp.（图91）

采 集 地: 东海

采集工具: WP2网

采集季节: 春季

形态特征: 体长26.00mm的稚鱼，体型侧扁，吻钝，眼圆形。前鳃盖骨上有5个较强棘。消化管较粗，肛门在体中央位置。背鳍XII，16；臀鳍III，9。吻端、尾柄、躯干部背缘、腹缘均有黑色素分布，腹腔背缘积累黑色素细胞。

参考文献: 冲山宗雄. 2014. 日本産稚魚図鑑. 第二版. 秦野: 東海大学出版会.

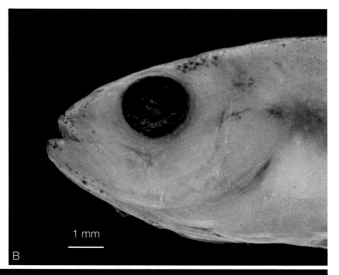

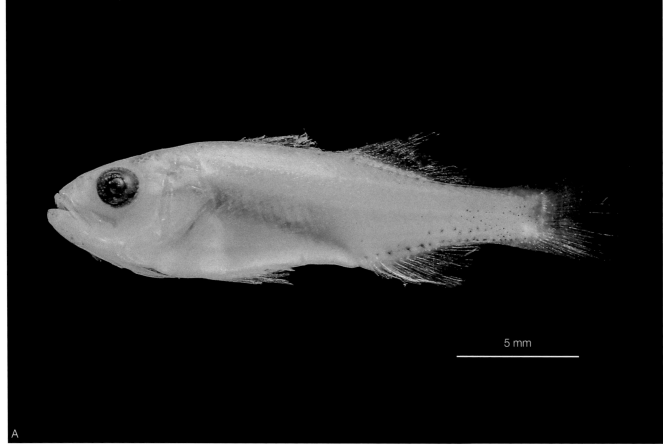

图91　花鲈属未定种
A. 体长 26.00mm；B. 头部

15.2 发光鲷科 Acropomatidae

菲律宾尖牙鲈 *Synagrops philippinensis* (Günther, 1880)（图92）

分　　布：台湾、南海；西太平洋、印度洋海域。
采 集 地：南海北部
采集工具：WP2网
采集季节：夏季
形态特征：体长5.70mm的后屈曲期仔鱼，体型长，侧扁，口斜位，肛门位于身体的中央。脑
　　　　　后有数个锯齿状上枕骨棘。前鳃盖骨的前后缘、主鳃盖骨后缘、肩部上方、两眼
　　　　　间隔和眼窝上缘长有棘。吻部、颊部、头顶部、鳃盖部、消化道、身体背部、尾
　　　　　部腹面均有黑色素。与日本尖牙鲈（*Synagrops japonicus*）相比，其尾柄中央黑色
　　　　　素欠缺。

参考文献：冲山宗雄. 2014. 日本産稚魚図鑑. 第二版. 秦野: 東海大学出版会.

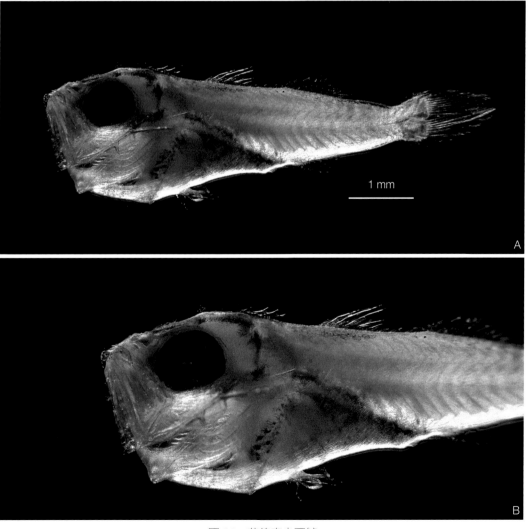

图 92　菲律宾尖牙鲈
A. 体长 5.70mm；B. 头部

15.3 **鮨科** Serranidae

九棘鲈属未定种 *Cephalopholis* sp.（图93）

采 集 地：南海北部
采集工具：WP2网
采集季节：夏季
形态特征：体长5.90mm的屈曲期仔鱼，体型侧扁且短小，头部较大。背鳍、臀鳍软鳍基底
　　　　　出现，尾鳍基底出现。背鳍的第一、第二鳍棘的基底丘状隆起。背鳍第二鳍棘发
　　　　　达，为体长的2/3，鳍棘根部锯齿细密，后端锯齿发达。腹鳍棘发达，略短于背鳍
　　　　　第二鳍棘，鳍棘横切面为三角形，腹鳍棘锯齿细小。腹腔上有大块黑色素斑。

参考文献：冲山宗雄. 2014. 日本産稚魚図鑑. 第二版. 秦野: 東海大学出版会.
　　　　　Leis J M, Carson-Ewart B M. 2000. The Larvae of Indo-Pacific Coastal Fishes. Leiden.
　　　　　Boston Koln: Brill Academic Pub.

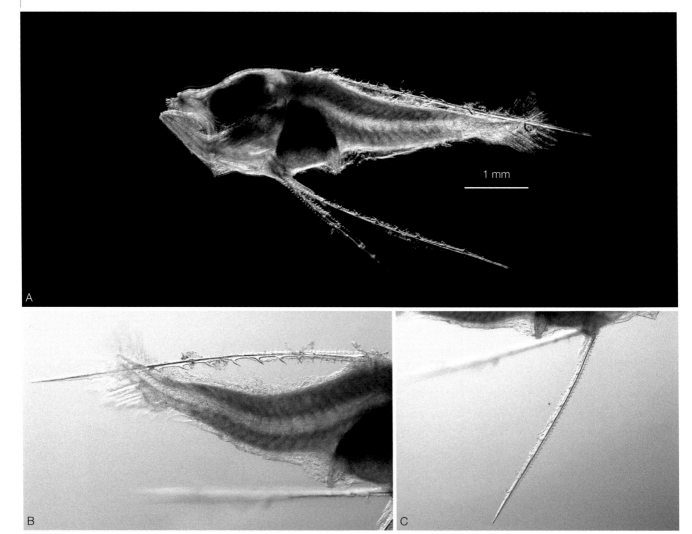

图93 九棘鲈属未定种
A. 体长 5.90mm；B. 背鳍棘；C. 腹鳍棘

石斑鱼属未定种1 *Epinephelus* sp.1（图94）

采 集 地：南海北部
采集工具：WP2网
采集季节：夏季
形态特征：体长3.30mm的前屈曲期仔鱼，体型侧扁，吻钝，眼圆形。腹腔上有3个黑色素，
　　　　　尾部中央侧面有1个大黑色素，第二背棘和腹棘长约为体长的1/2，棘上有逆向倒钩
　　　　　锯齿。

参考文献：冲山宗雄.2014.日本産稚魚図鑑.第二版.秦野:東海大学出版会.

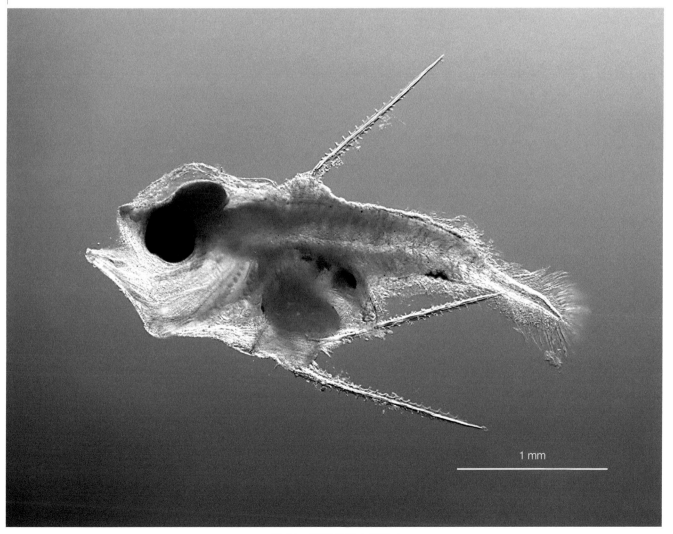

图 94　石斑鱼属未定种 1
体长 3.30mm

石斑鱼属未定种2 *Epinephelus* sp.2（图95）

采 集 地：南海北部

采集工具：WP2网

采集季节：夏季

形态特征：体长4.30mm的前屈曲期仔鱼，体稍侧扁，口裂大。鳃盖上有1棘，腹腔上有1个大
　　　　　黑色素，尾部中央侧面有1个大黑色素，第二背棘和腹棘长约为体长的1/2，棘上有
　　　　　逆向倒钩锯齿，末梢有黑色素。

参考文献：冲山宗雄. 2014. 日本産稚魚図鑑. 第二版. 秦野: 東海大学出版会.

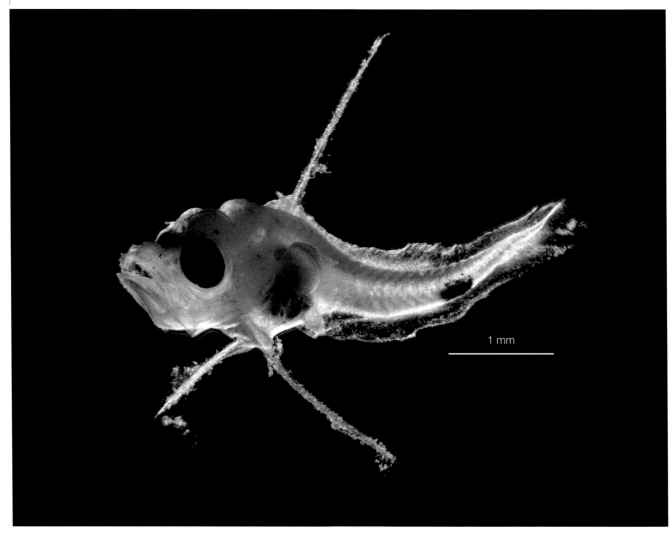

图95　石斑鱼属未定种2
体长 4.30mm

多棘拟线鲈 *Pseudogramma polyacantha* (Bleeker,1856)（图96）

分　　布: 台湾南部、南海；日本南部的太平洋沿岸。

采 集 地: 南海北部

采集工具: WP2网

采集季节: 夏季

形态特征: 体长3.70mm的前屈曲期仔鱼（图96A），体侧扁且细长，头部较圆。胸鳍大，扇状；背鳍、臀鳍尚未分化。第一背鳍鞭状，较长，可达尾部。脊索末端平直。体长7.80mm的后屈曲期仔鱼（图96B），体侧扁，体高。前鳃盖骨外棘有3～5根，主鳃盖骨棘有3、4根。肩带上部无棘。臀鳍鳍条超过16根。第一背鳍鞭状，较长。脊索末端向上弯曲。体长11.80mm 的后屈曲期仔鱼（图96C），体侧扁。胸鳍较大，为扇状，可到达臀鳍始部，臀鳍软鳍条超过16根。尾鳍后缘呈圆弧形，第一背鳍第一枚棘鞭状。脊索末端平直。

参考文献: 冲山宗雄.2014.日本産稚魚図鑑.第二版.秦野:東海大学出版会.

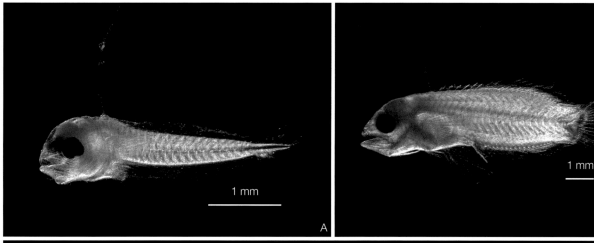

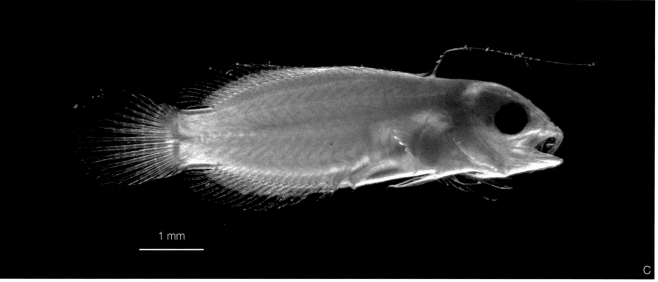

图96　多棘拟线鲈
A. 体长 3.70mm；B. 体长 7.80mm；C. 体长 11.80mm

15.4 大眼鲷科 Priacanthidae

短尾大眼鲷 *Priacanthus macracanthus* Cuvier, 1829（图97）

分　　布：东海南部、南海；太平洋、印度洋、大西洋暖水海域。
采 集 地：南海北部
采集工具：WP2网
采集季节：夏季
形态特征：近岸暖水性底层鱼类。体长2.60mm的前屈曲期仔鱼（图97A），头大，口斜位，口裂达眼中部下方，眼前骨隆起呈崤状，外缘有锯齿。颅顶中央有半圆形隆起崤，崤上具一向后枕骨棘，长约0.50mm，崤外缘有锯齿，眼中央上部至棘的后端有多个小锯齿刺。前鳃盖骨有强棘3个，以第二棘为最长，棘上下缘有锯齿。腹腔梨形，其前下方和后方均有黑色素。肛门位于身体中央靠前。眼上方和崤基部有黑色素。身体下缘有11个等距排列的黑色素。体长3.50mm的前屈曲期仔鱼（图97B～D）其基部特征与体长2.60mm的仔鱼相似，腹腔黑色素颜色变浅。

参考文献：张仁斋, 陆穗芬, 赵传细, 等. 1985. 中国近海鱼卵与仔鱼. 上海: 上海科学技术出版社.
冲山宗雄. 2014. 日本産稚魚図鑑. 第二版. 秦野: 東海大学出版会.

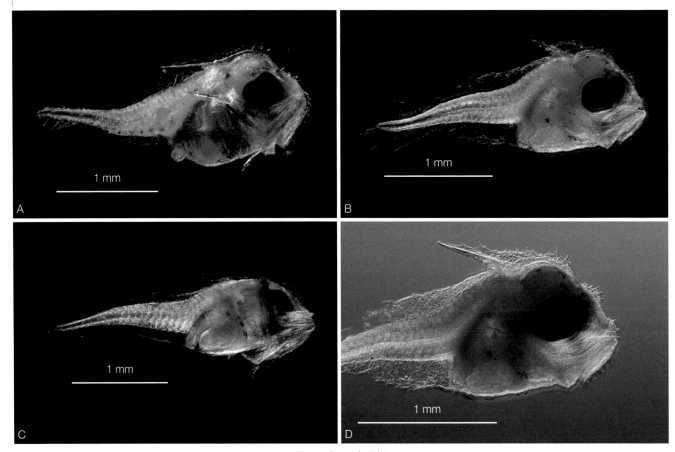

图 97　短尾大眼鲷
A. 体长 2.60mm；B. 体长 3.50mm；C. 腹面观；D. 头部

大眼鲷属未定种 *Priacanthus* sp.（图98）

采 集 地：南海北部
采集工具：WP2网
采集季节：夏季
形态特征：全长3.20mm的前屈曲期仔鱼，体型稍侧扁且为椭圆形，头部显得大，吻部倾斜弧度大且较短。腹腔梨形，肠肥大。头顶有1枚长且坚硬的枕骨刺，其上缘有多个小锯齿刺，小锯齿刺一直延伸到额部；前鳃盖骨外缘的隅角部有3根坚硬的棘，上具小锯齿。此外，上眼窝、下眼窝、下颌、鳃盖骨上具锯齿。腹腔上有许多大小不等的菊花状黑色素。

参考文献：万瑞景，张仁斋. 2016. 中国近海及其邻近海域鱼卵与仔稚鱼. 上海：上海科学技术出版社.
沖山宗雄. 2014. 日本産稚魚図鑑. 第二版. 秦野：東海大学出版会.

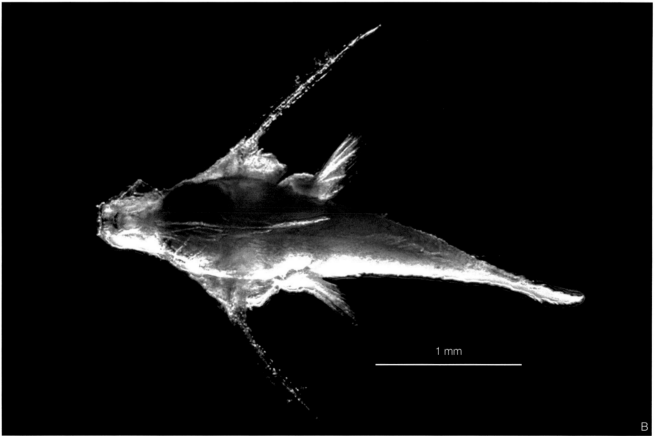

图98　大眼鲷属未定种
A. 体长 3.20mm；B. 背面观

15.5 天竺鲷科 Apogonidae

天竺鲷属未定种 *Apogon* sp.（图99）

采 集 地：东海
采集工具：WP2网
采集季节：夏季
形态特征：体长4.30mm的后屈曲期仔鱼，头部较大，眼圆形。枕骨嵴较尖，具鳃盖骨刺。腹
腔桃形，背鳍和臀鳍还有鳍膜与尾鳍相连，臀鳍数为II，8；背鳍软鳍条数为9。腹
腔背部有黑色素，臀鳍后腹缘有6个黑色素。脊索末端向上弯曲。

参考文献：万瑞景, 张仁斋. 2016. 中国近海及其邻近海域鱼卵与仔稚鱼. 上海: 上海科学技术出
版社.
冲山宗雄. 2014. 日本産稚魚図鑑. 第二版. 秦野: 東海大学出版会.

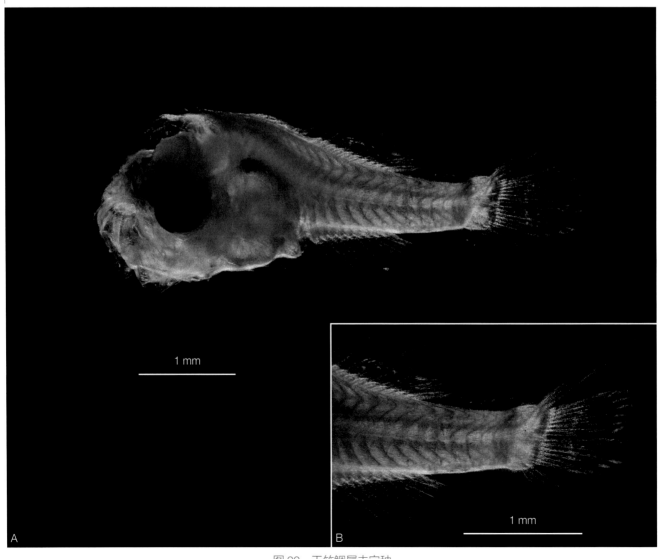

图99 天竺鲷属未定种
A. 体长 4.30mm；B. 尾部

15.6 弱棘鱼科 Malacanthidae

弱棘鱼属未定种 *Malacanthus* sp.（图100）

采 集 地：南海北部
采 集 工 具：WP2网
采 集 季 节：夏季
形 态 特 征：体长22.30mm的稚鱼，体型细长，吻尖且吻端具有一骨质突起（吻端棘）。肛门位
　　　　　　于体前方。头部明显，吻部、前鳃盖骨后缘、肩带上部、下颌下方、下鳃盖骨、
　　　　　　翼耳骨以及蝶耳骨都生有棘。体侧鳞上具有直立的微小棘。

参考文献：冲山宗雄. 2014. 日本産稚魚図鑑. 第二版. 秦野: 東海大学出版会.

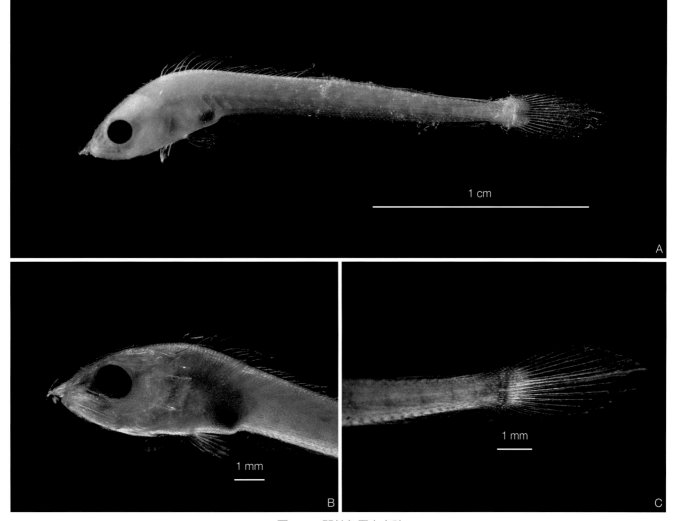

图 100　弱棘鱼属未定种
A. 体长 22.30mm；B. 头部；C. 尾部

15.7 鲯鳅科 Coryphaenidae

鲯鳅属未定种1 *Coryphaena* sp.1（图101）

采 集 地：南海北部
采集工具：WP2网
采集季节：夏季
形态特征：全长5.00mm的前屈曲期仔鱼，体细长，口斜位。消化管细长，肛门位置在体中央
　　　　　后方。胸鳍形成，背鳍、臀鳍尚未形成，还处于鳍膜状。点状黑色素遍布全身。

参考文献：沖山宗雄.2014.日本産稚魚図鑑.第二版.秦野:東海大学出版会.

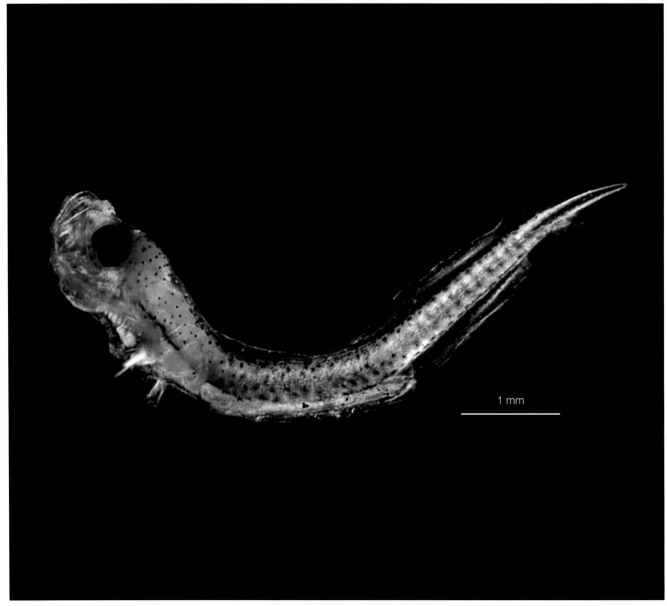

图 101　鲯鳅属未定种 1
体长 5.00mm

鲯鳅属未定种2 *Coryphaena* sp.2（图102）

采 集 地：南海北部
采集工具：WP2网
采集季节：夏季
形态特征：体长28.00mm的后屈曲期仔鱼，体型细长，口斜位，眼较大。肛门位于身体中央。
　　　　　背鳍、臀鳍、尾鳍都已发育完全，臀鳍鳍条26。点状黑色素遍布全身。

参考文献：冲山宗雄. 2014. 日本産稚魚図鑑. 第二版. 秦野: 東海大学出版会.

图 102　鲯鳅属未定种 2
体长 28.00mm

15.8 鲹科 Carangidae

鲹属未定种 *Caranx* sp.（图103）

采 集 地: 南海北部
采集工具: WP2网
采集季节: 夏季
形态特征: 体长6.00mm的后屈曲期仔鱼，体型侧扁，吻钝尖，上下颌小齿发达。枕骨嵴明
　　　　　显，呈三角形。头部棘发达，眼窝上缘，上后头骨，前鳃盖骨内缘、外缘，后侧
　　　　　头骨，上拟锁骨均有棘分布，前鳃盖骨隅角棘最大。头部背面，上后头骨突起，
　　　　　尾部前端的背侧、腹侧，以及腹腔上都有菊花状黑色素。

参考文献: 冲山宗雄. 2014. 日本產稚魚圖鑑. 第二版. 秦野: 東海大学出版会.

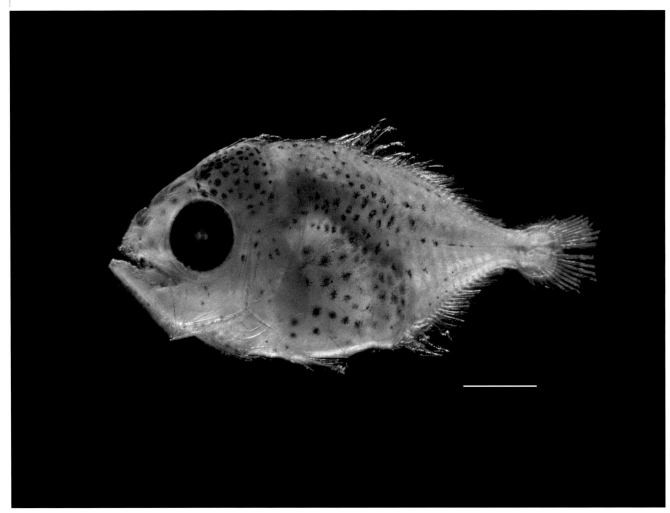

图 103　鲹属未定种
体长 6.00mm

圆鲹属未定种1 *Decapterus* sp.1（图104）

采 集 地：南海北部
采集工具：WP2网
采集季节：夏季
形态特征：体长4.50mm的屈曲期仔鱼，体型侧扁，头部较大，吻钝，肠卷曲。头部的枕骨嵴
　　　　　明显，呈三角形，上缘粗糙。前鳃盖骨有数枚小刺，鳃盖骨有7棘，以第三棘最
　　　　　大。背鳍鳍基和臀鳍鳍基形成，鳍条尚未完全形成。上下颌端有星状黑色素，头
　　　　　顶部、背鳍基底下方、臀鳍基底上方、腹腔上缘均有星状黑色素。尾下骨形成，
　　　　　脊索末端平直。

参考文献：万瑞景,张仁斋.2016.中国近海及其邻近海域鱼卵与仔稚鱼.上海:上海科学技术出
　　　　　版社.
　　　　　冲山宗雄.2014.日本産稚魚図鑑.第二版.秦野:東海大学出版会.

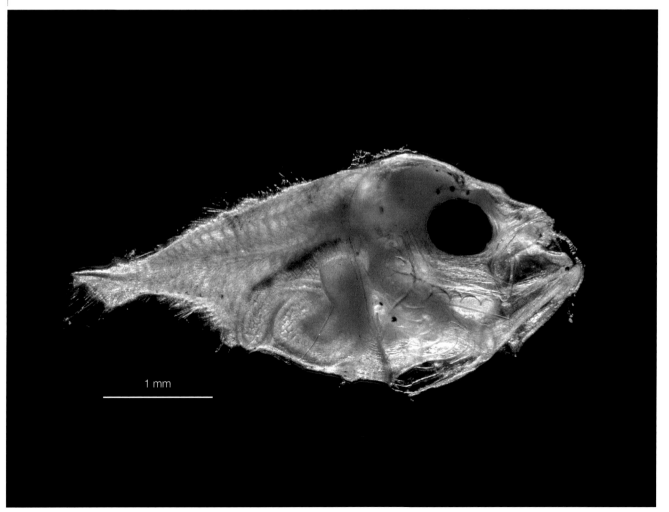

1 mm

图 104　圆鲹属未定种 1
体长 4.50mm

圆鲹属未定种2 *Decapterus* sp.2（图105）

采 集 地：南海北部
采集工具：WP2网
采集季节：夏季
形态特征：体长5.20mm的屈曲期仔鱼，体侧扁，头部较大，吻钝。前鳃盖骨有7棘，位于隅角的第三棘最长。头后枕骨嵴显著，呈波纹形。鳔泡明显，腹腔上缘有1列大型黑色素，直肠粗。眼眶及头顶处有数个星状黑色素。背鳍基部有4个小的黑色素，臀鳍基部有2个黑色素，尾部体侧的中线上有2个小的黑色素。

参考文献：万瑞景,张仁斋.2016.中国近海及其邻近海域鱼卵与仔稚鱼.上海:上海科学技术出版社.
　　　　　冲山宗雄.2014.日本産稚魚図鑑.第二版.秦野:東海大学出版会.

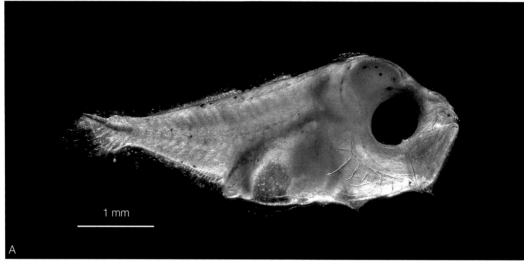

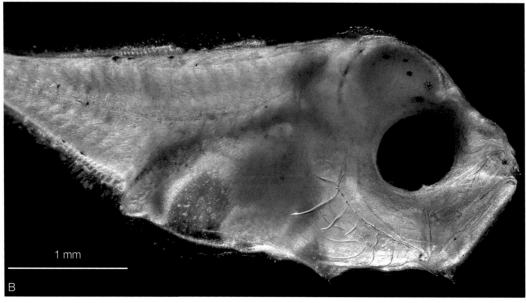

图 105　圆鲹属未定种 2
A. 体长 5.20mm；B. 头部

凹肩鲹属未定种 *Selar* sp.（图106）

采 集 地：南海北部

采集工具：WP2网

采集季节：夏季

形态特征：体长4.20mm的屈曲期仔鱼，体侧扁，吻钝。头顶有薄的骨质隆起。前鳃盖骨有6棘，以隅角棘最大。腹腔近似三角形，上缘有黑色素。吻和下颌端有黑色素，背鳍条下部背缘有数个星状黑色素，尾部中轴上有4个长条形星状黑色素，体下侧肌节间有小星状黑色素，颅顶有数个星状黑色素。脊索末端平直。

参考文献：张仁斋，陆穗芬，赵传纲，等. 1985. 中国近海鱼卵与仔鱼. 上海: 上海科学技术出版社.

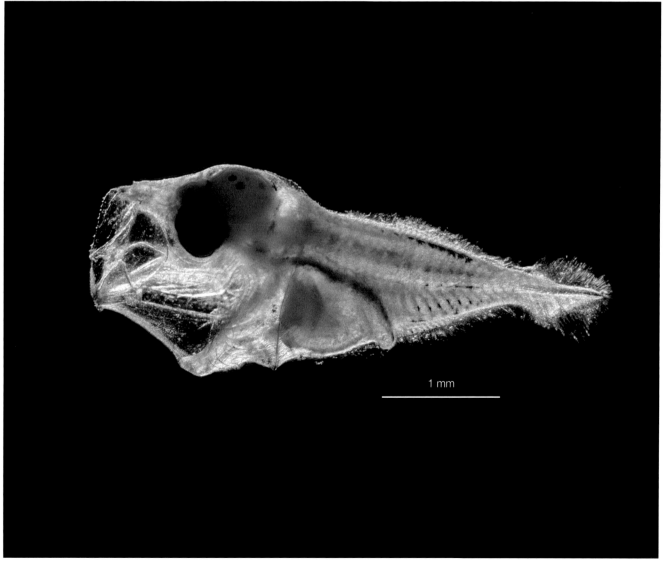

图 106　凹肩鲹属未定种
体长 4.20mm

15.9 眼镜鱼科 Menidae

眼镜鱼 *Mene maculata* (Bloch & Schneider, 1801)（图107）

分　　布：东海、南海；西太平洋、印度洋海域。

采 集 地：南海北部

采集工具：WP2网

采集季节：夏季

形态特征：体侧扁，体甚高，腹缘锐利。体长3.80mm的屈曲期仔鱼（图107A），体高约与体长等长，口直立，背鳍有一鳍条延长，前方有4个硬棘，腹鳍第一鳍条延长。脑部、吻部、体侧、尾部、背鳍基部、臀鳍基部有黑色素。体长5.00mm的后屈曲期仔鱼（图107B），背鳍前方硬棘出现。脑部黑色素变大，尾柄前方体侧隐约出现数列与椎骨垂直的黑色素。体长8.40mm的后屈曲期仔鱼（图107C），脑部、眼下缘、腹腔有黑色素。尾鳍基部具1横带，尾柄前方体侧有7横带。

参考文献：冲山宗雄. 2014. 日本産稚魚図鑑. 第二版. 秦野: 東海大学出版会.

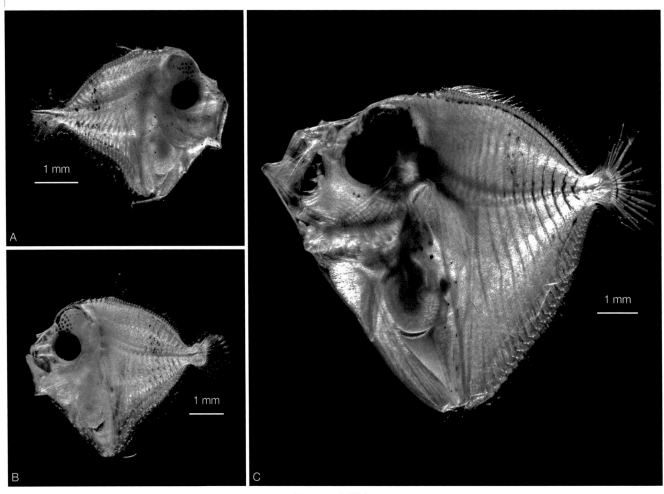

图 107　眼镜鱼
A. 体长 3.80mm；B. 体长 5.00mm；C. 体长 8.40mm

15.10 鲾科 Leiognathidae

鲾科未定种 Leiognathidae sp.（图108）

采 集 地：南海北部
采集工具：WP2网
采集季节：夏季、秋季
形态特征：体长4.20mm的屈曲期仔鱼，体极侧扁，头大且圆，吻钝。肛门位于身体的前1/3
　　　　　处，头后部有带锯齿的枕骨嵴。眼上方有3棘，前鳃盖骨内缘、外缘各有2棘、12
　　　　　棘。前鳍盖骨外缘隅角部的棘强壮，最长的棘可达胸鳍基底。腹腔边缘有黑色
　　　　　素，其他部位黑色素不明显。

参考文献：冲山宗雄.2014.日本産稚魚図鑑.第二版.秦野:東海大学出版会.

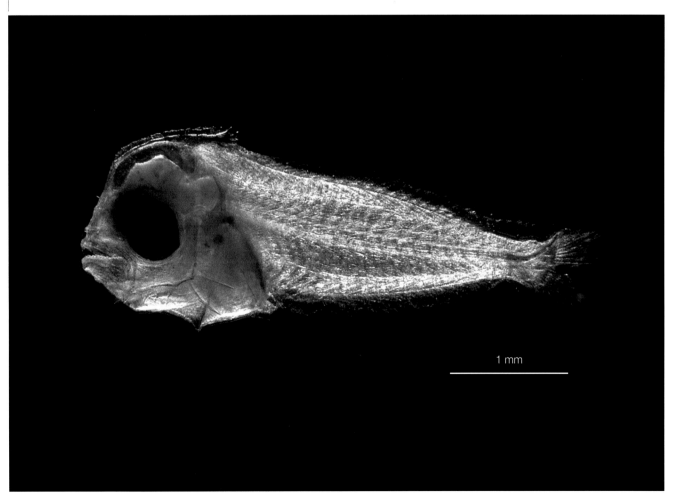

1 mm

图 108　鲾科未定种
体长 4.20mm

15.11　笛鲷科 Lutjanidae

笛鲷属未定种 *Lutjanus* sp.（图109）

采 集 地：南海北部
采集工具：WP2网
采集季节：夏季
形态特征：体长4.80mm的屈曲期仔鱼，体侧扁，吻钝。背鳍具11棘12鳍条，背棘第二棘延
　　　　　长，背鳍前4条棘后缘均有发达的细锯齿。腹鳍有1棘5鳍条，棘的后缘有细锯齿，
　　　　　第一鳍条延长，长于腹鳍棘。臀鳍3棘8鳍条。臀鳍基底末端部、尾柄中部腹面、
　　　　　尾鳍基底下部有明显的黑色素。颊部有1个点状黑色素。

参考文献：冲山宗雄.2014.日本産稚魚図鑑.第二版.秦野:東海大学出版会.

图 109　笛鲷属未定种
体长 4.80mm

15.12 **梅鲷科** Caesionidae

黑带鳞鳍梅鲷 *Pterocaesio tile* (Cuvier, 1830)（图110）

分　　布：南海；太平洋、印度洋海域。
采 集 地：南海北部
采集工具：WP2网
采集季节：夏季
形态特征：体长8.80mm的后屈曲期仔鱼，体侧扁、延长，眼大且圆，肛门在身体中央前部位
　　　　　置。背鳍第二棘和腹鳍棘延长，背鳍鳍条约有20根，背鳍棘、臀鳍棘、腹鳍棘均有
　　　　　锯齿。具有上拟锁骨棘、后侧头棘、眼上棘。尾柄部背缘、尾柄、颊部、消化管背
　　　　　面、头顶部、吻端、肩带、背鳍基底均有黑色素，尾柄腹缘有2个明显的黑色素。

参考文献：冲山宗雄.2014.日本產稚魚図鑑.第二版.秦野:東海大学出版会.

图 110　黑带鳞鳍梅鲷
体长 8.80mm

15.13 **金线鱼科** Nemipteridae

深水金线鱼 *Nemipterus bathybius* Snyder, 1911（图111）

分　　布：东海、南海；西太平洋海域，从日本南部到印度尼西亚与大洋洲西北部。
采 集 地：南海北部
采集工具：WP2网
采集季节：夏季
形态特征：体长7.60mm的后屈曲期仔鱼，体侧扁，眼大且圆，肛门位于身体的中央。鳃盖骨
　　　　　无棘，颅顶有数个菊花状黑色素，眼后鳃盖骨上有1个菊花状黑色素。颊部有1个
　　　　　黑色素丛。腹腔上缘有许多黑色素堆积，形成暗斑状。肛门与臀鳍间有1个黑色
　　　　　素。臀鳍后至尾柄下缘有7个黑色素。

参考文献：张仁斋,陆穗芬,赵传绸,等.1985.中国近海鱼卵与仔鱼.上海:上海科学技术出版社.
　　　　　冲山宗雄.2014.日本産稚魚図鑑.第二版.秦野:東海大学出版会.

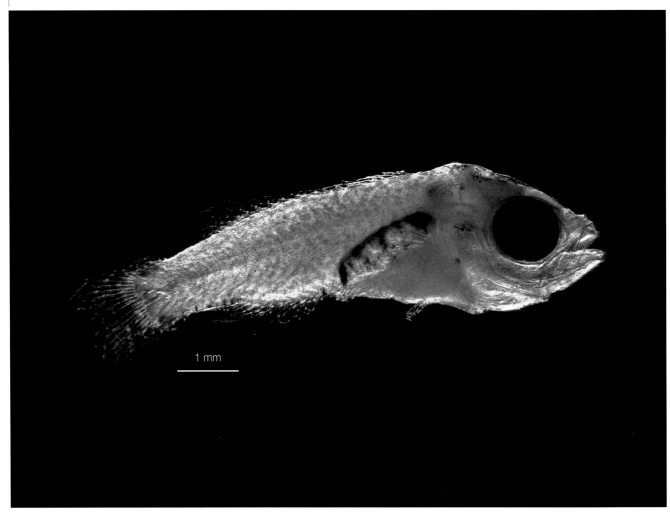

图 111　深水金线鱼
体长 7.60mm

金线鱼 *Nemipterus virgatus* (Houttuyn, 1782)（图112）

分　　布：东海、南海；西太平洋海域。

采 集 地：南海北部

采集工具：WP2网

采集季节：夏季

形态特征：体长6.50mm的后屈曲期仔鱼，眼大，鳃盖骨无棘，颅顶有8个菊花状黑色素，眼后鳃盖骨上有1个菊花状黑色素。颊部有1个黑色素丛。腹腔上缘有浅色黑色素堆积。肛门与臀鳍间有1个黑色素，臀鳍鳍条间有4个黑色素。臀鳍后至尾柄下缘有5个黑色素。肌节数为9+15。

参考文献：冲山宗雄.2014.日本産稚魚図鑑.第二版.秦野:東海大学出版会.

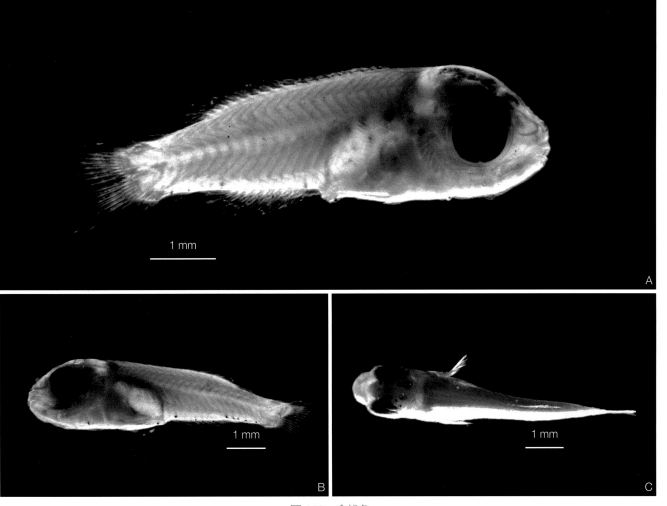

1 mm

A

1 mm

B

1 mm

C

图 112　金线鱼

A.侧面观；B.腹面观；C.背面观

15.14　裸颊鲷科 Lethrinidae

长棘裸颊鲷 *Lethrinus genivittatus* Valenciennes, 1830（图113）

分　　布：南海；太平洋、印度洋海域。
采 集 地：南海北部
采集工具：WP2网
采集季节：夏季
形态特征：热带底栖鱼类。体长3.90mm的前屈曲期仔鱼，体型侧扁，头部较大，尾部细长。吻钝、较短，口斜位。冠刺发达，其上有14个强壮的锯齿状小刺。下颌侧面、前鳃盖骨上有棘，第三棘最长，棘上有锯齿状小刺。头顶部有点状黑色素，体后部腹面有4个点状黑色素。脊索末端平直。

参考文献：万瑞景,张仁斋.2016.中国近海及其邻近海域鱼卵与仔稚鱼.上海:上海科学技术出版社.
冲山宗雄.2014.日本産稚魚図鑑.第二版.秦野:東海大学出版会.

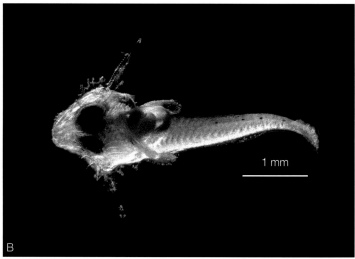

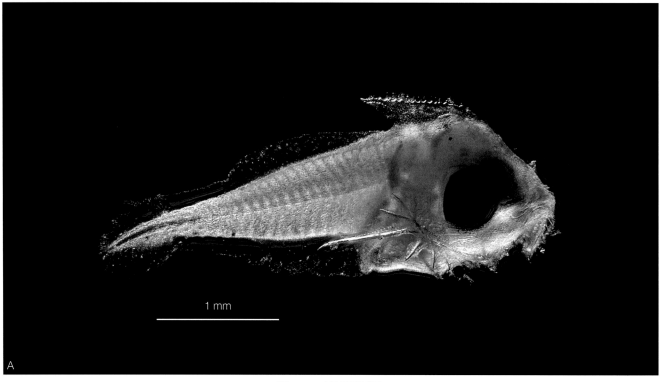

图113　长棘裸颊鲷
A. 体长 3.90mm；B. 背面观

15.15 **石首鱼科** Sciaenidae

大黄鱼 *Larimichthys crocea* (Richardson, 1846)（图114）

分　　布：黄海南部至广东省雷州半岛之间的广大海域；日本、朝鲜等国。

采 集 地：东海

采集工具：WP2网

采集季节：冬季

形态特征：体长8.10mm的屈曲期仔鱼（图114A、B），体型侧扁，头部较大，眼圆形。腹腔膨大，肛门在体中央前方位置。背鳍、臀鳍还有鳍膜与尾鳍相连。鳃盖骨上的棘已发生。腹腔底部和臀鳍后端腹缘处均有1个黑色素，位于第18肌节处。肌节数为10+18。脊索末端向上弯曲。体长25.30mm的后屈曲期仔鱼（图114C、D），体型侧扁，头部较大，眼圆形。头顶棘4个，前鳃盖骨棘5个。背鳍X，33；臀鳍II，8。腹腔内有色素沉着，眼后部背方、体侧背部一直延伸到尾柄处均有黑色素分布。

参考文献：沖山宗雄.2014.日本産稚魚図鑑.第二版.秦野:東海大学出版会.

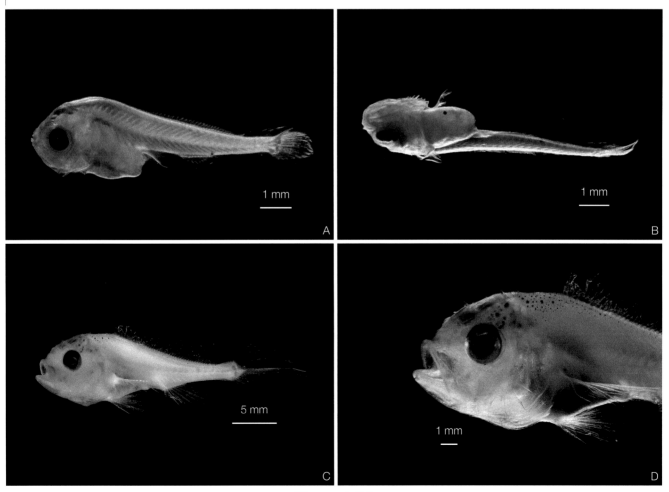

图 114　大黄鱼

A. 体长 8.10mm；B. 腹面观；C. 体长 25.30mm；D. 头部

小黄鱼 *Larimichthys polyactis* (Bleeker, 1877)（图115）

分　　布：渤海、黄海、东海、南海。

采 集 地：东海

采集工具：WP2网

采集季节：夏季

形态特征：体长7.60mm的后屈曲期仔鱼，体型侧扁，头部较大，吻钝，眼圆形，尾部细长。腹腔膨大，肛门在体中央前方位置。枕骨崤、鳃盖骨棘和眶上棘已发生，背鳍、臀鳍鳍条已长出，但还未长全，仍以鳍膜与尾鳍相连。

参考文献：冲山宗雄. 2014. 日本産稚魚図鑑. 第二版. 秦野: 東海大学出版会.

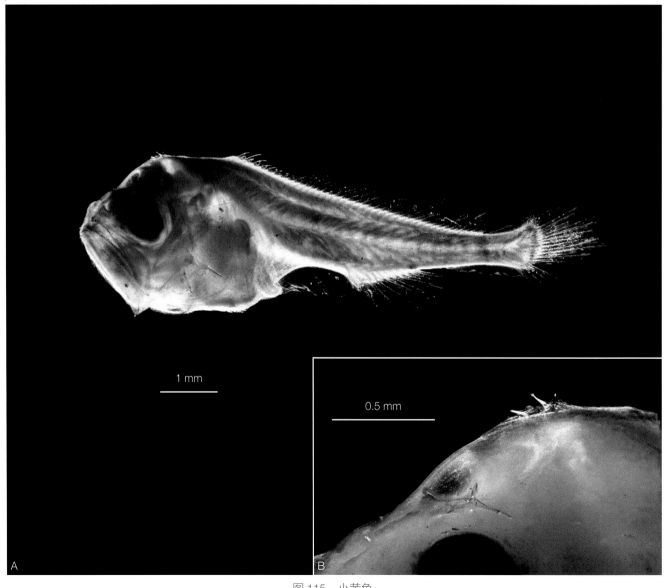

图 115　小黄鱼
A. 体长 7.60mm；B. 枕骨棘与眶上棘

石首鱼科未定种1 Sciaenidae sp.1（图116）

采 集 地：渤海
采集工具：WP2网
采集季节：夏季
形态特征：体长10.50mm的后屈曲期仔鱼，体型侧扁，尾部细长，头部较大，眼圆形。鳃盖骨上的棘已发生。腹腔膨大，肛门在体中央前方，肛门和臀鳍基底始部距离较大。背鳍数为XI，28；臀鳍数为II，7。尾鳍楔形。腹腔底部有黑色素，臀鳍基底后端有1个黑色素。肌节数为12+13。

参考文献：冲山宗雄. 2014. 日本産稚魚図鑑. 第二版. 秦野: 東海大学出版会.

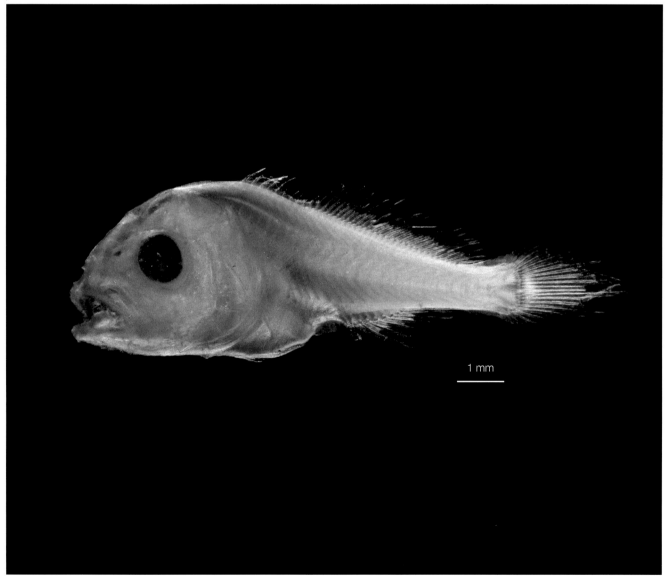

1 mm

图 116　石首鱼科未定种 1
体长 10.50mm

石首鱼科未定种2 Sciaenidae sp.2（图117）

采 集 地：东海

采集工具：WP2网

采集季节：夏季

形态特征：体长4.20mm的屈曲期仔鱼，体侧扁，头较大，体高较高，眼圆形。腹腔膨大，肛门在体中央前方。鳍膜尚在。腹腔底部有3个点状黑色素，侧面有1个点状黑色素。体腹部有1个较大的点状黑色素。肌节数8+18。

参考文献：冲山宗雄. 2014. 日本産稚魚図鑑. 第二版. 秦野: 東海大学出版会.

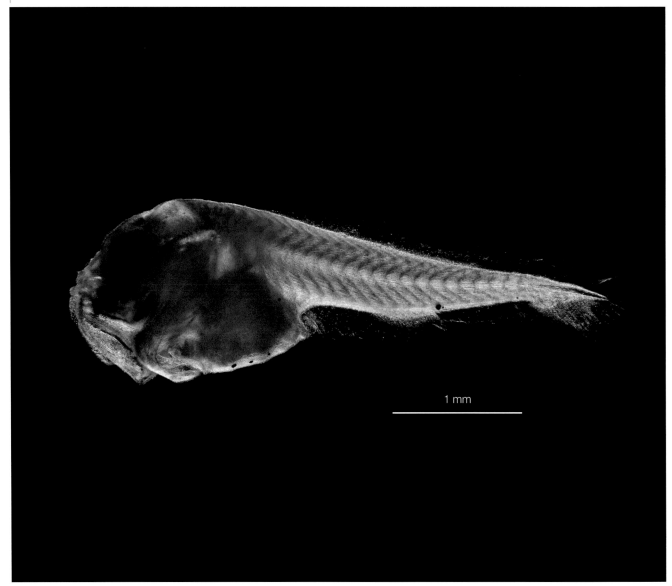

图 117　石首鱼科未定种 2
体长 4.20mm

15.16 刺盖鱼科 Pomacanthidae

刺尻鱼属未定种 *Centropyge* sp.（图118）

采 集 地：南海北部
采集工具：WP2网
采集季节：夏季
形态特征：体长3.80mm的后屈曲期仔鱼，体较高，侧扁，呈卵圆形，吻端略尖，鳔大而透明，头部及身体表面有密集的小棘鳞。鳃盖骨前缘、后缘，间鳃盖骨，上拟锁骨，后侧头骨均有棘发生。背部和下颌端分布着略浓密的黑色素，体侧中央、腹腔背面也有黑色素。

参考文献：冲山宗雄. 2014. 日本産稚魚図鑑. 第二版. 秦野: 東海大学出版会. Leis J M, Carson-Ewart B M. 2000. The Larvae of Indo-Pacific Coastal Fishes. Leiden Boston Koln: Brill Academic Pub.

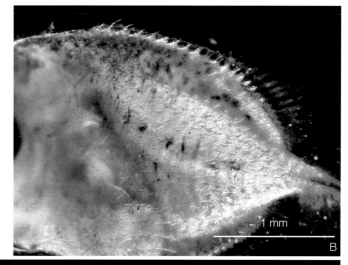

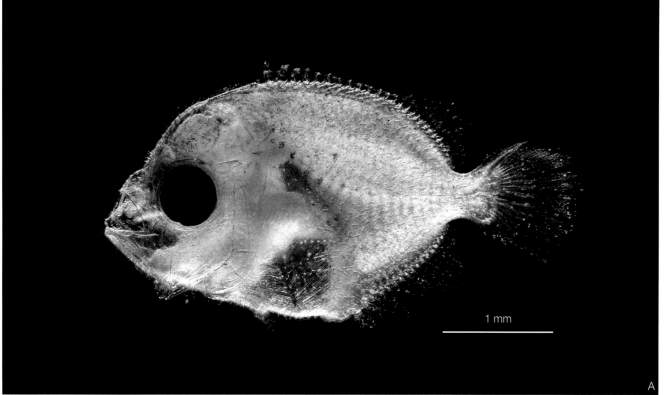

图 118　刺尻鱼属未定种
A. 体长 3.80mm；B. 仔鱼身体侧表面

15.17 鯻科 Terapontidae

细鳞鯻 *Terapon jarbua* (Forsskål,1775)（图119）

分　　布：东海、南海；太平洋、印度洋海域。
采 集 地：南海北部
采集工具：WP2网
采集季节：夏季
形态特征：体长3.50mm的前屈曲期仔鱼，体略细长，前额隆起，吻短且钝，眼大且圆。腹腔桃
　　　　　形，消化管短，肛门在身体中央的前部。腹部下面有2个极小的黑色素，肛前鳍膜的
　　　　　下缘也有1个黑色素，腹缘处沿着肌节有18个黑色素，尾索末端有2个黑色素。

参考文献：冲山宗雄.2014.日本産稚魚図鑑.第二版.秦野:東海大学出版会.

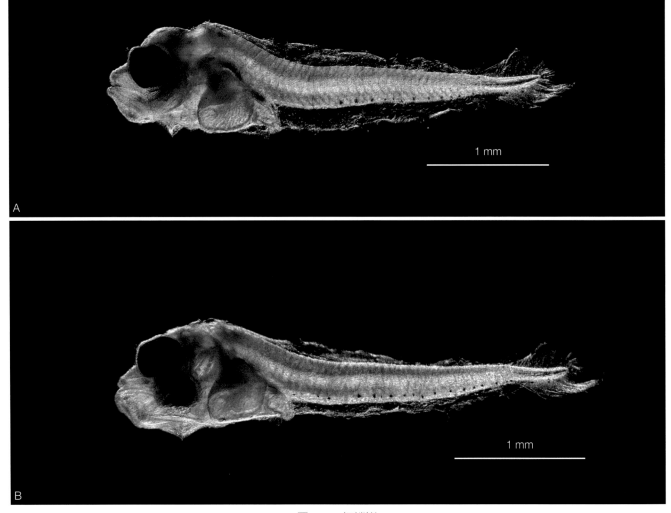

1 mm

1 mm

图 119　细鳞鯻
A. 体长 3.50mm；B. 腹面观

15.18 雀鲷科 Pomacentridae

白带椒雀鲷 *Plectroglyphidodon leucozonus* (Bleeker, 1859)
（图120）

分　　布：南海；太平洋、印度洋海域。

采 集 地：南海北部

采集工具：WP2网

采集季节：夏季

形态特征：体长约5.20mm的后屈曲期仔鱼，体侧扁，椭圆形，体高较高，吻端略尖。腹鳍原
　　　　　基出现。胸鳍大，上有黑色素，且其末端超越臀鳍起点。头顶有数十个黑色素。
　　　　　各鳍已形成。尾部筋肉中的黑色素在背侧、腹侧处合成2个大的黑色素。

参考文献：冲山宗雄. 2014. 日本産稚魚図鑑. 第二版. 秦野: 東海大学出版会.

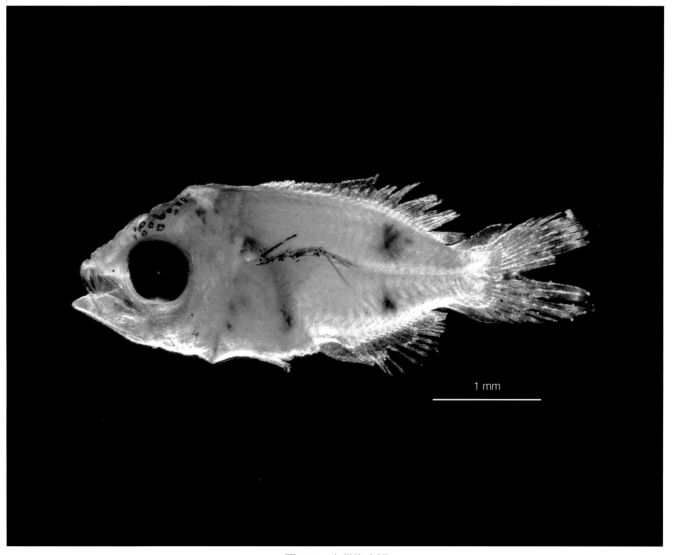

图 120　白带椒雀鲷
体长 5.20mm

15.19 隆头鱼科 Labridae

连鳍唇鱼属未定种 *Xyrichtys* sp.（图121）

采 集 地：南海北部

采集工具：WP2网

采集季节：夏季

形态特征：体长11.60mm的后屈曲期仔鱼，体侧扁，身体透明，眼近圆形，吻钝。消化管较短，肛门位于身体中央前方，鳔泡明显。尾柄较高，肌节数为9+13，全身无黑色素。

参考文献：Richards W J. 2005. Early Stages of Atlantic Fishes: An Identification Guide for the Western Central North Atlantic. Boca Raton: CRC Press.

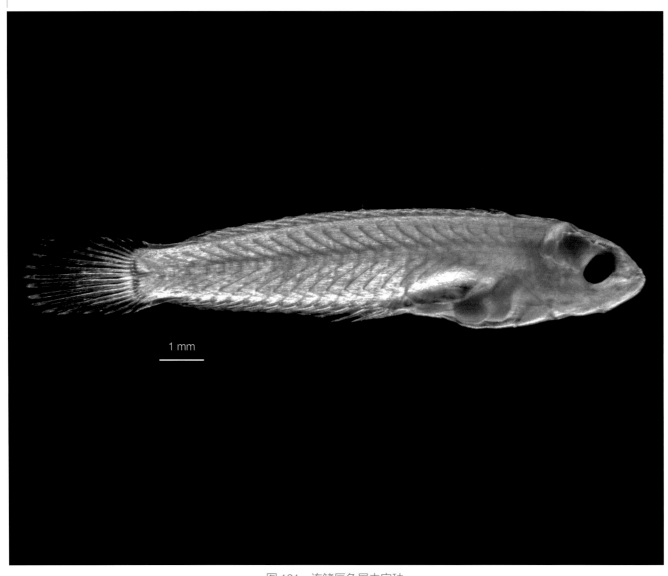

1 mm

图 121   连鳍唇鱼属未定种
体长 11.60mm

15.20 鹦嘴鱼科 Scaridae

绚鹦嘴鱼属未定种 *Calotomus* sp.（图122）

采 集 地：南海北部
采 集 工 具：WP2网
采 集 季 节：夏季
形 态 特 征：体长8.70mm的后屈曲期仔鱼，体侧扁，头小，眼椭圆形。肛门位于身体中央，腹
　　　　　鳍未分化。鳔明显，鳔后端有黑色素。胸鳍基部内外面各有1个黑色素。尾部腹缘
　　　　　有1列黑色素。肌节数为9+12。

参考文献：冲山宗雄.2014.日本産稚魚図鑑.第二版.秦野:東海大学出版会.

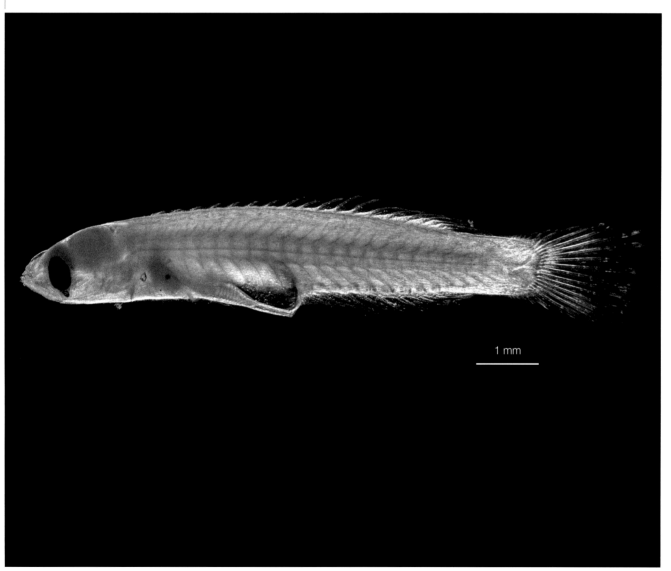

1 mm

图 122　绚鹦嘴鱼属未定种
体长 8.70mm

鹦嘴鱼属未定种 *Scarus* sp.（图123）

采 集 地：南海北部
采集工具：WP2网
采集季节：夏季
形态特征：体长8.30mm的后屈曲期仔鱼，体侧扁，头小，眼椭圆形。肛门位于身体中央，腹鳍未分化。消化管后部背面有黑色素。胸鳍基部内外面各有1个黑色素。臀鳍基部具1列黑色素。尾柄腹缘有3个黑色素。

参考文献：冲山宗雄.2014.日本產稚魚図鑑.第二版.秦野:東海大学出版会.

图 123　鹦嘴鱼属未定种
体长 8.30mm

15.21 鳄齿鱼科 Champsodontidae

弓背鳄齿鱼 *Champsodon atridorsalis* Ochiai & Nakamura, 1964（图124）

分　　布：东海、南海；西太平洋海域。

采 集 地：南海北部

采集工具：WP2网

采集季节：夏季

形态特征：底栖鱼类。体长4.00mm的前屈曲期仔鱼，体侧扁，头大，口裂较大。背部弓起弯曲。鳃盖骨后缘有1对细鞭状皮膜。鼻部、脑部、鳃盖骨上，以及消化道后缘有黑色素。尾部腹面有1个黑色素。

参考文献：Leis J M, Carson-Ewart B M. 2000. The Larvae of Indo-Pacific Coastal Fishes. Leiden Boston Koln: Brill Academic Pub.

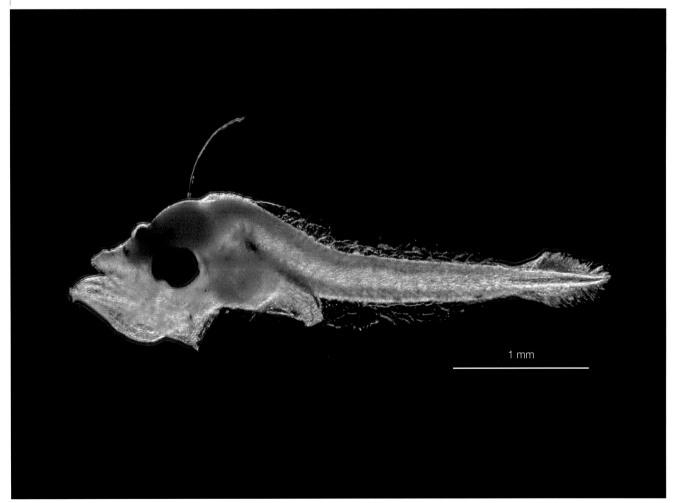

图 124　弓背鳄齿鱼
体长 4.00mm

短鳄齿鱼 *Champsodon snyderi* Franz, 1910（图125）

采 集 地：南海北部

采集工具：WP2网

采集季节：夏季

形态特征：体长5.60mm的前屈曲期仔鱼，体侧扁，头部较大，口大。鳃盖骨后缘有一粗壮皮
膜，每个附属物上有4个黑色素。腹腔前端膨大，消化道绕成一圈，后端直肠向下
弯曲。吻端、颅顶、上颌后缘有黑色素分布。

参考文献：冲山宗雄. 2014. 日本産稚魚図鑑. 第二版. 秦野: 東海大学出版会.

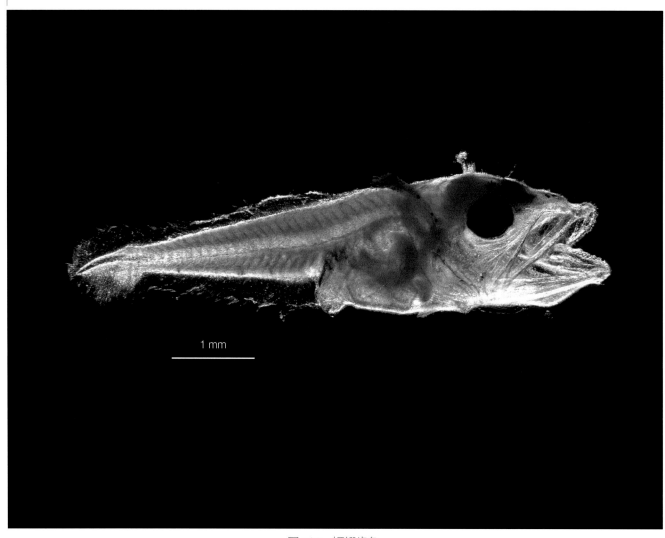

图 125   短鳄齿鱼
体长 5.60mm

15.22　玉筋鱼科 Ammodytidae

太平洋玉筋鱼 *Ammodytes personatus* Girard,1856（图126）

分　　布：黄海、东海海域；太平洋、印度洋海域。
采 集 地：东海
采集工具：WP2网
采集季节：夏季
形态特征：体长3.50mm的前屈曲期仔鱼（图126A），体细长且侧扁，吻部较短，眼圆形，很
　　　　　大。消化管较长，肛门在体中央后部，背鳍、臀鳍等还未发生，鳍膜发达。在腹
　　　　　腔背面、尾部以及体背部均有黑色素分布。体长13.30mm的屈曲期仔鱼（图126B、
　　　　　C），体细长且侧扁，眼睛圆形。消化管较长，肛门在体中央稍后的位置，鳍膜还
　　　　　在。肛门处有点状黑色素，从肛门后开始一直到尾部有1列点状黑色素。

参考文献：冲山宗雄.2014.日本産稚魚図鑑.第二版.秦野:東海大学出版会.

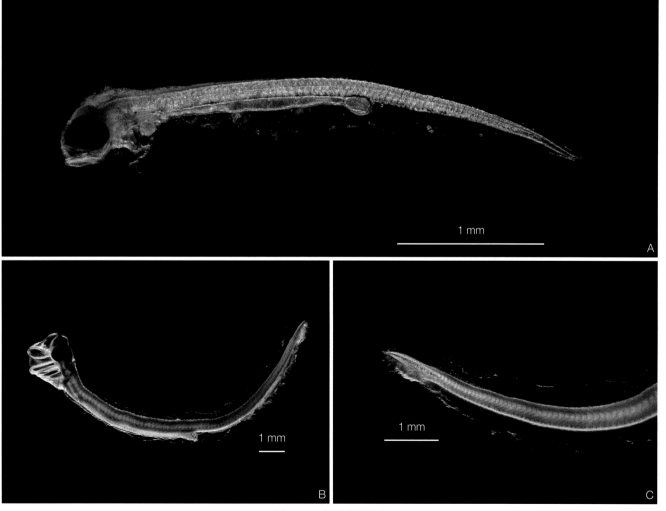

图126　太平洋玉筋鱼
A.体长 3.50mm；B.体长 13.30mm；C.尾部

15.23 鼩科 Callionymidae

鼩科未定种 Callionymidae sp.（图127）

采 集 地: 东海
采集工具: WP2网
采集季节: 夏季
形态特征: 体长5.60mm的后屈曲期仔鱼,体侧扁,头部较大,眼圆形。腹腔较大,肛门位于
　　　　　体中央后方。头顶部有黑色素,背鳍基底有零星的几个黑色素,体侧正中线上排
　　　　　列有1列黑色素,臀鳍基底也有1列黑色素。

参考文献: 冲山宗雄.2014.日本産稚魚図鑑.第二版.秦野:東海大学出版会.

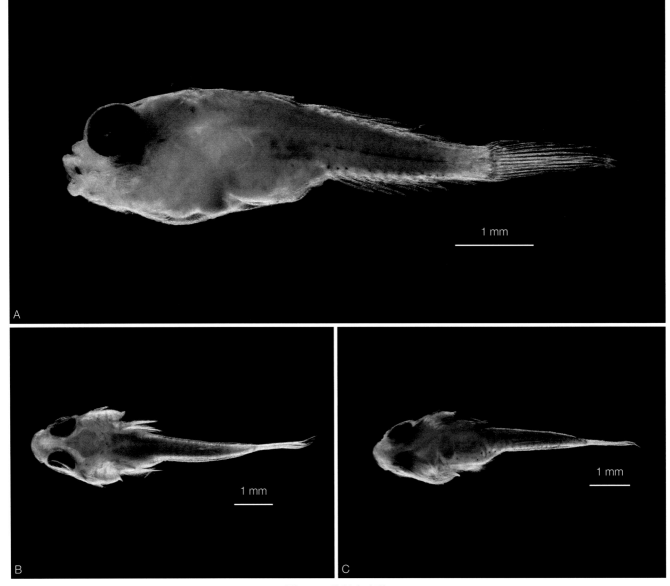

图 127　鼩科未定种
A. 体长 5.60mm; B. 背面观; C. 腹面观

15.24 **虾虎鱼科** Gobiidae

孔虾虎鱼属未定种 *Trypauchen* sp.（图128）

采 集 地：东海
采集工具：WP2网
采集季节：夏季
形态特征：体长8.90mm的后屈曲期仔鱼，体侧扁且细长，眼小。肛门在体前部1/3处。背鳍、
　　　　　臀鳍很长，与尾鳍相连。尾鳍基部有2个黑色素。肌节数为10+27。

参考文献：冲山宗雄.2014.日本産稚魚図鑑.第二版.秦野:東海大学出版会.

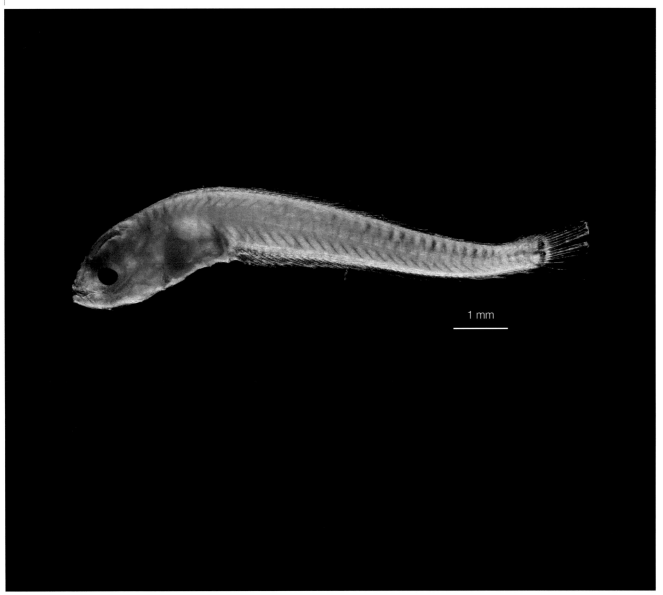

图 128　孔虾虎鱼属未定种
体长 8.90mm

虾虎鱼科未定种1 Gobiidae sp.1（图129）

采 集 地：南海北部
采集工具：WP2网
采集季节：夏季
形态特征：体长4.56mm的后屈曲期仔鱼，体侧扁，吻钝，眼近圆形。鳔泡明显，消化管较
短，肛门在体中央前方。背鳍、臀鳍尚未发育完全。鳃盖骨后缘及头顶后方有点
状黑色素，从鳔泡上方开始沿着体侧背面，一直到尾柄部有1排黑色素，尾鳍基部
及尾鳍鳍条上都分布有黑色素。

参考文献：冲山宗雄.2014.日本産稚魚図鑑.第二版.秦野:東海大学出版会.

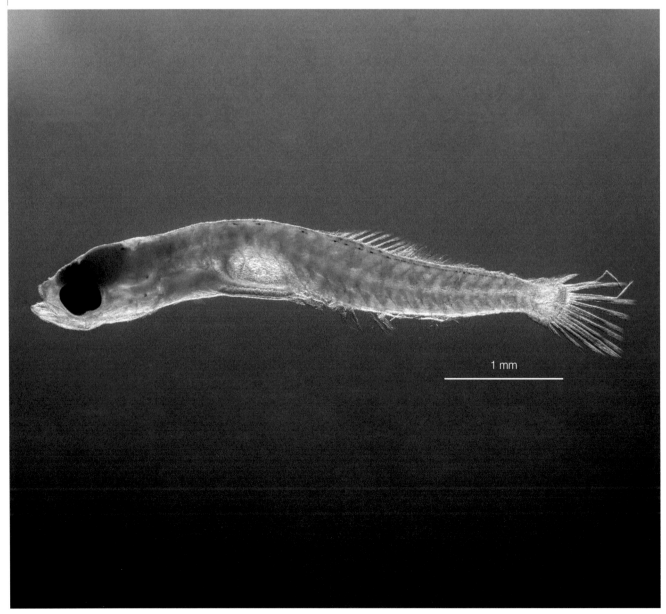

图 129　虾虎鱼科未定种 1
体长 4.56mm

虾虎鱼科未定种2 Gobiidae sp.2（图130）

采 集 地：南海北部

采集工具：WP2网

采集季节：夏季

形态特征：体长12.28mm的后屈曲期仔鱼，体侧扁，眼圆形，吻钝。背鳍、臀鳍等都已发育，
尾柄较长。颊部及鳃盖骨后部有黑色素分布，体无黑色素。

参考文献：冲山宗雄. 2014. 日本産稚魚図鑑. 第二版. 秦野: 東海大学出版会.

1 mm

图 130　虾虎鱼科未定种 2
体长 12.28mm

虾虎鱼科未定种3 Gobiidae sp.3（图131）

采 集 地: 渤海

采集工具: WP2网

采集季节: 夏季

形态特征: 体长11.40mm的后屈曲期仔鱼，体侧扁，体高较低，尾柄较长，尾柄中等高。消化
　　　　　管较短，肛门在体中央前方。背鳍VI，10。肌节数为10+17。

参考文献: 冲山宗雄.2014.日本産稚魚図鑑.第二版.秦野:東海大学出版会.

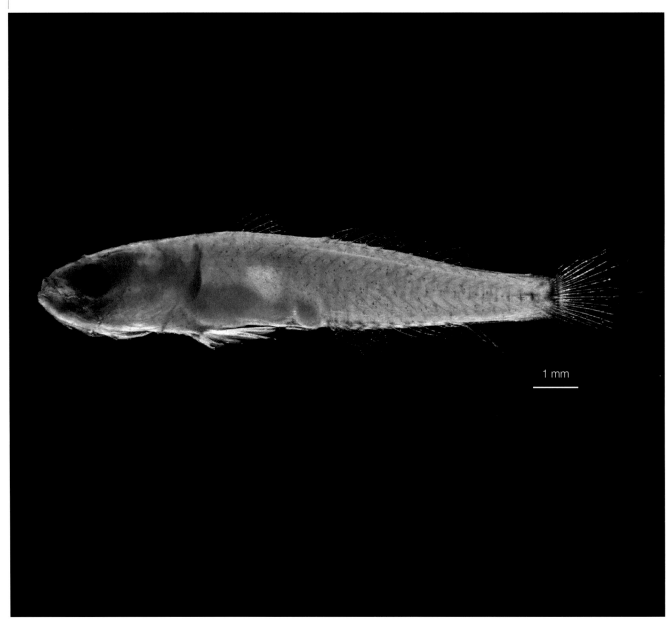

1 mm

图 131　虾虎鱼科未定种 3
体长 11.40mm

虾虎鱼科未定种4 Gobiidae sp.4（图132）

采 集 地：东海

采集工具：WP2网

采集季节：冬季

形态特征：体长7.90mm的屈曲期仔鱼，体侧扁，呈延长状，眼圆形。鳔泡明显，消化管较粗，肛门在体中央前方位置。背鳍、臀鳍与尾鳍相连。臀鳍、背鳍基部均有黑色素，尾柄背缘处有1个大型黑色素。

参考文献：冲山宗雄. 2014. 日本産稚魚図鑑. 第二版. 秦野：東海大学出版会.

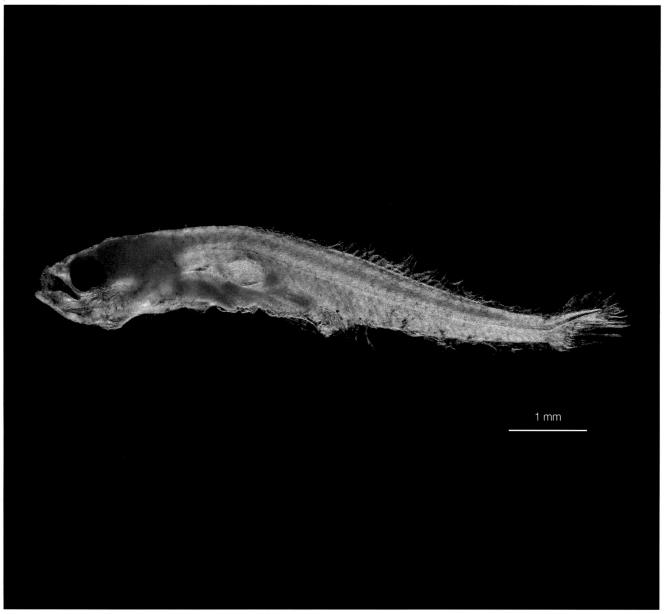

图 132　虾虎鱼科未定种 4
体长 7.90mm

15.25 刺尾鱼科 Acanthuridae

鼻鱼属未定种 *Naso* sp.（图133）

采 集 地: 南海北部
采集工具: WP2网
采集季节: 夏季
形态特征: 体长5.00mm的后屈曲期仔鱼，体侧扁，呈菱形，头大体高，吻凸出，体表有垂直
方向的锯齿状平行线。背鳍、臀鳍第一棘显著伸长，棘上有锯齿状小刺。背鳍基
底呈直线状，臀鳍基底明显弯曲状。背鳍鳍条数为28，臀鳍鳍条数为29。脑部有
点状黑色素，胸鳍基部、腹腔内背面有色素沉积。尾柄中央有块状黑色素。

参考文献: 冲山宗雄.2014.日本産稚魚図鑑.第二版.秦野:東海大学出版会.

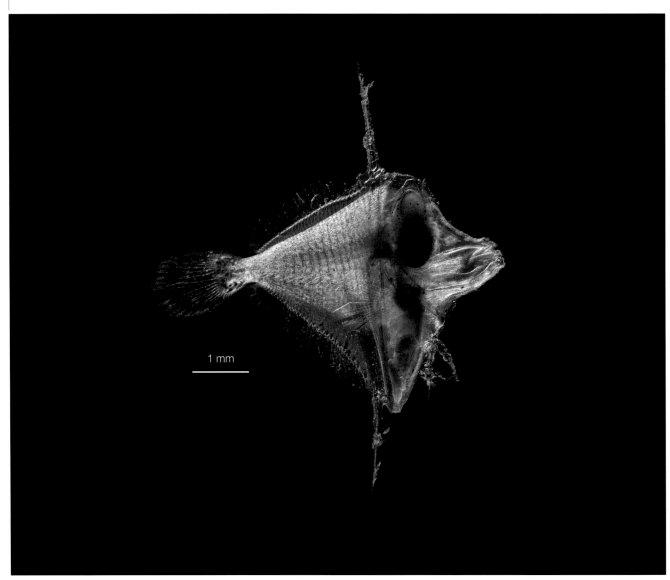

1 mm

图 133　鼻鱼属未定种
体长 5.00mm

15.26 蛇鲭科 Gempylidae

蛇鲭 *Gempylus serpens* Cuvier, 1829（图134）

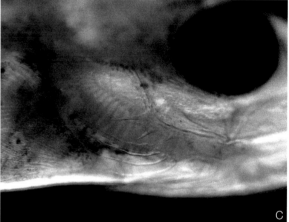

分　　布：南海；太平洋、印度洋、大西洋热带至温带海域。

采 集 地：南海北部

采集工具：WP2网

采集季节：夏季

形态特征：体长10.50mm的后屈曲期仔鱼，体细长、侧扁。上下颌有尖齿，上颌骨棘明显，眶上棘发达。前鳃盖骨刺没有锯齿，腹鳍鳍棘两侧具有锯齿状小刺。尾鳍浅叉形，腹腔长形。头顶有许多小型菊花状黑色素。体侧背、中部、腹面有3条明显色素线。眼窝前缘有半月形黑色素。第一背鳍鳍膜色素极其发达，背鳍棘数26。前鳃盖骨棘没有锯齿。

参考文献：万瑞景, 张仁斋. 2016. 中国近海及其邻近海域鱼卵与仔稚鱼. 上海: 上海科学技术出版社.

沖山宗雄. 2014. 日本産稚魚図鑑. 第二版. 秦野: 東海大学出版会.

1 mm

图 134　蛇鲭

A. 体长 10.50mm；B. 腹鳍鳍棘；C. 头部眶上棘

三棘若蛇鲭 *Nealotus tripes* Johnson, 1865（图135）

分　　　布：南海；太平洋、印度洋、大西洋热带至温带海域。
采 集 地：南海北部
采集工具：WP2网
采集季节：夏季
形态特征：体长6.10mm的屈曲期仔鱼，体侧扁，头部较大，眼大而圆。腹鳍由棘和鳍条组成，腹鳍棘刃宽大伸长，上有锯齿状小刺。前鳃盖骨棘有锯齿状小刺。脑部、第一背鳍基部、眼眶后部、鳃盖骨有黑色素。

参考文献：万瑞景, 张仁斋. 2016. 中国近海及其邻近海域鱼卵与仔稚鱼. 上海: 上海科学技术出版社.
　　　　　冲山宗雄. 2014. 日本産稚魚図鑑. 第二版. 秦野: 東海大学出版会.

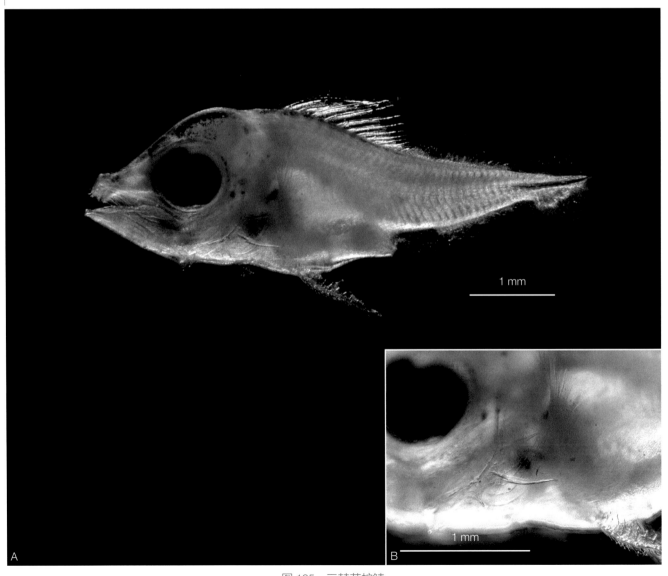

图 135　三棘若蛇鲭
A. 体长 6.10mm；B. 前鳃盖骨棘

无耙蛇鲭 *Nesiarchus nasutus* Johnson, 1862（图136）

分　　布：南海；太平洋、印度洋、大西洋热带至温带海域。

采 集 地：南海北部

采集工具：WP2网

采集季节：秋季

形态特征：体长11.50mm的后屈曲期仔鱼，体侧扁，体高较低，头部较大，吻较长。前鳃盖
骨隅角棘大，但无锯齿状小刺。各鳍条都已成定数，第一背鳍鳍条19根。鼻孔周
边、头部、腹部，以及尾鳍基底都有黑色素。

参考文献：冲山宗雄.2014.日本産稚魚図鑑.第二版.秦野:東海大学出版会.

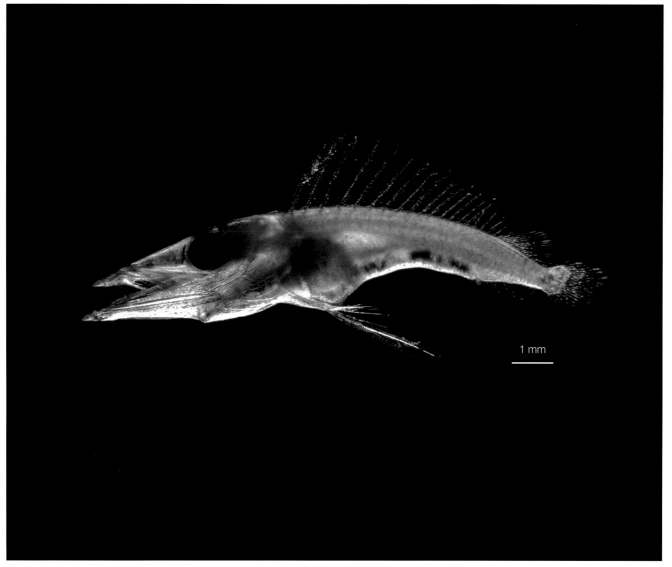

图 136　无耙蛇鲭
体长 11.50mm

纺锤蛇鲭 *Promethichthys prometheus* (Cuvier, 1832)（图137）

分　　布：东海、南海西沙群岛附近海域；太平洋、印度洋、大西洋温带、热带海域。
采 集 地：南海北部
采集工具：WP2网
采集季节：夏季
形态特征：体长5.30mm的前屈曲期仔鱼，体侧扁，吻较短。腹鳍由单一硬棘组成，腹鳍基底
　　　　　位于胸鳍基底前方。体无黑色素，仅在头顶、吻、腹腔背面有少数黑色素，吻端
　　　　　至鼻孔有1条明显黑色线条。背鳍鳍棘数少。

参考文献：冲山宗雄.2014.日本産稚魚図鑑.第二版.秦野:東海大学出版会.

1 mm

图 137　纺锤蛇鲭
体长 5.30mm

15.27　带鱼科 Trichiuridae

长体深海带鱼 *Benthodesmus elongatus* (Clarke, 1879)（图138）

分　　　布：东海、南海；印度洋和西太平洋。属于洄游性鱼类，有昼夜垂直移动的习惯，白天群栖息于中、下水层，晚间上升到表层活动。

采 集 地：南海北部

采 集 工 具：WP2网

采 集 季 节：夏季

形 态 特 征：体长8.00mm的前屈曲期仔鱼（图138A），体侧扁、细长，眼圆形，吻突出，上颌宽短。肛门位于胸鳍后缘，背鳍、臀鳍鳍膜较低，背鳍鳍膜前有1根鞭状鳍条。身体中央（臀鳍起始部）及尾柄前腹侧各有1个大型黑色素。体长9.00mm的前屈曲期仔鱼（图138B、C），眼圆形，有一对腹鳍棘，位于胸鳍基底的稍后方，棘条竹叶状，长有锯齿状小刺。臀鳍不明显。鼻孔、下颌下缘、眼窝背面、头后部背面、腹侧消化管背面有黑色素。身体中央（臀鳍起始部）及尾柄前腹侧各有1个大型黑色素。

参 考 文 献：冲山宗雄. 2014. 日本産稚魚図鑑. 第二版. 秦野: 東海大学出版会.

Leis J M, Carson-Ewart B M. 2000. The Larvae of Indo-Pacific Coastal Fishes. Leiden Boston Koln: Brill Academic Pub.

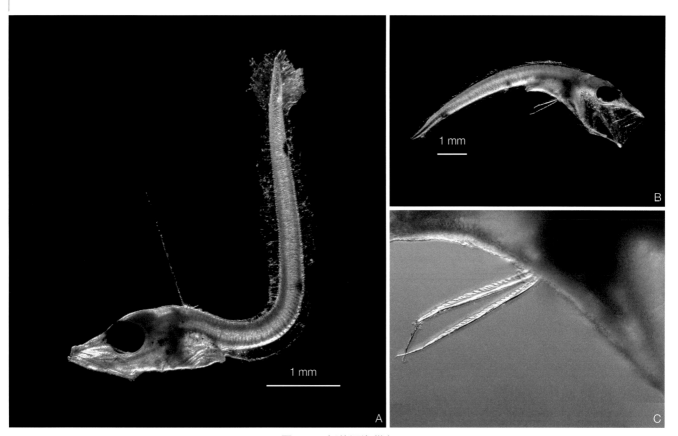

图138　长体深海带鱼
A. 体长 8.00mm；B. 体长 9.00mm；C. 腹鳍棘

小带鱼属未定种 *Eupleurogrammus* sp.（图139）

采 集 地: 东海
采集工具: WP2网
采集季节: 夏季
形态特征: 体长6.60mm的前屈曲期仔鱼，体侧扁，眼圆形，吻尖且细长，牙齿尖锐。腹鳍棘
　　　　　具有锯齿状小刺。消化道背面有黑色素。

参考文献: 冲山宗雄.2014.日本産稚魚図鑑.第二版.秦野:東海大学出版会.

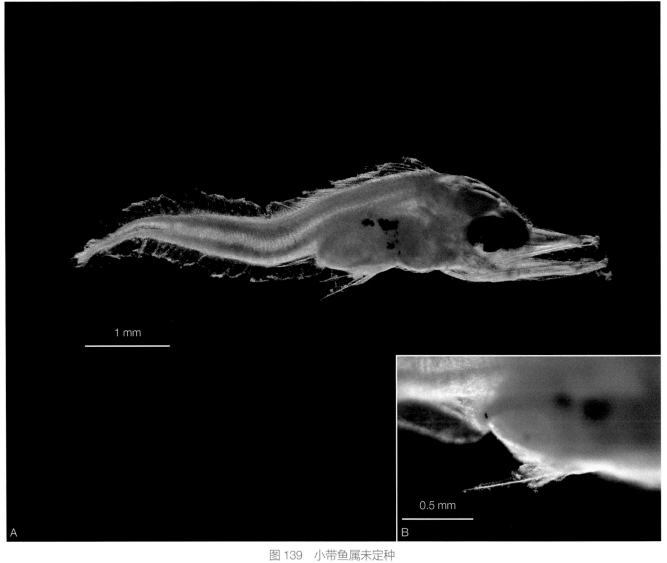

1 mm

0.5 mm

A

B

图 139　小带鱼属未定种
A. 体长 6.60mm；B. 腹鳍棘

15.28 鲭科 Scombridae

舵鲣属未定种 *Auxis* sp.（图140）

采 集 地：南海北部
采集工具：WP2网
采集季节：夏季
形态特征：体长7.70mm的后屈曲期仔鱼，体侧扁、细长，眼大，口裂大，伸达眼中轴后，鳃盖有棘。背鳍、臀鳍原基形成。下颌有点状黑色素，头顶有大型菊花状黑色素，腹腔前缘有黑色素。尾柄有3列黑色素。臀鳍基部有2个黑色素。

参考文献：赵传细, 陈莲芳, 藏增嘉, 1982. 东海舵鲣的早期发育和生殖习性. 水产学报, 6(3): 253-257.
沖山宗雄. 2014. 日本産稚魚図鑑. 第二版. 秦野: 東海大学出版会.

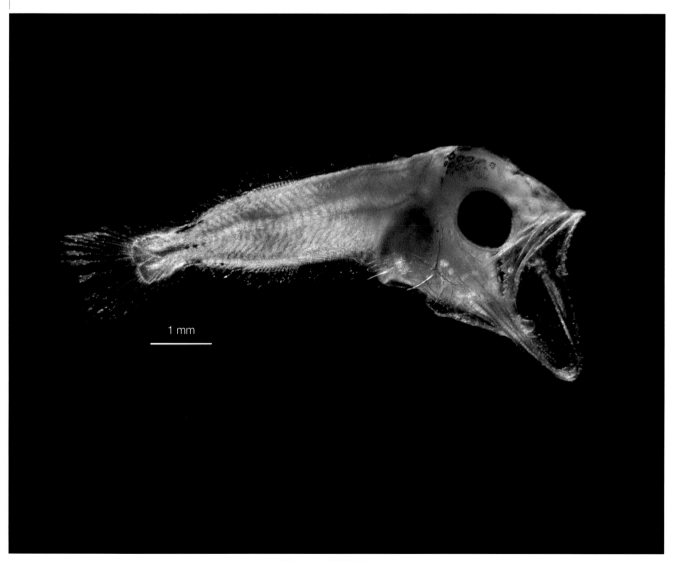

1 mm

图 140　舵鲣属未定种
体长 7.70mm

斑点马鲛 *Scomberomorus guttatus*
(Bloch & Schneider, 1801) (图141)

分　　布: 渤海、黄海、东海、南海；西北太平洋海域。

采 集 地: 南海北部

采集工具: WP2网

采集季节: 夏季

形态特征: 体长5.20mm的前屈曲期仔鱼，体侧扁，眼和口裂都很大，尾部细长。肛门在身体前方。前鳃盖骨、上后头骨、眼上骨，以及后侧头骨的棘都已形成。尾部腹侧有1列约13个黑色素，颊部、腹腔背面都有黑色素。

参考文献: 沖山宗雄.2014.日本産稚魚図鑑.第二版.秦野:東海大学出版会.

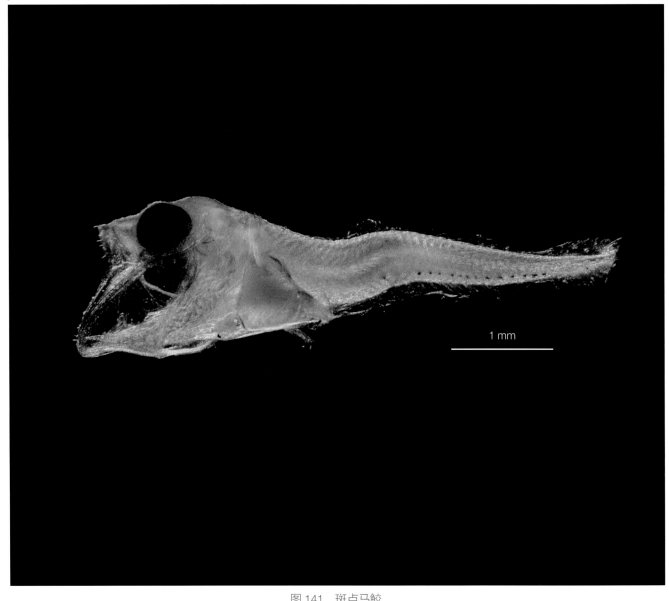

1 mm

图 141　斑点马鲛
体长 5.20mm

大眼金枪鱼 *Thunnus obesus* (Lowe, 1839)（图142）

分　　布: 南海；太平洋、印度洋温带海域。

采 集 地: 南海北部

采集工具: WP2网

采集季节: 夏季

形态特征: 体长约5.20mm的前屈曲期仔鱼，身体细长，头部、眼、口裂大。肛门位于身体中央的前方，腹腔呈三角形。前鳃盖骨内外缘均有棘。背鳍、臀鳍尚处在鳍膜状。头顶、眼上方、腹腔前部有黑色素，下颌有点状黑色素，尾柄部有2个极小的黑色素。

参考文献: 冲山宗雄. 2014. 日本産稚魚図鑑. 第二版. 秦野: 東海大学出版会.

图 142　大眼金枪鱼
A. 体长 5.20mm；B. 尾部

15.29　旗鱼科 Istiophoridae

四鳍旗鱼属未定种 *Tetrapturus* sp.（图143）

采 集 地：太平洋

采集工具：WP2网

采集季节：夏季

形态特征：体长4.00mm的前屈曲期仔鱼，头和眼较大。腹部膨大，尾部短小，肛门位于体中
　　　　　央后部。具有强壮的翼耳骨棘和前鳃盖骨棘，其上有小锯齿，眼上缘具有骨质锯
　　　　　齿状隆起。鳃膜、头部、躯干部背侧面、腹腔背面均有黑色素。

参考文献：冲山宗雄. 2014. 日本産稚魚図鑑. 第二版. 秦野: 東海大学出版会.

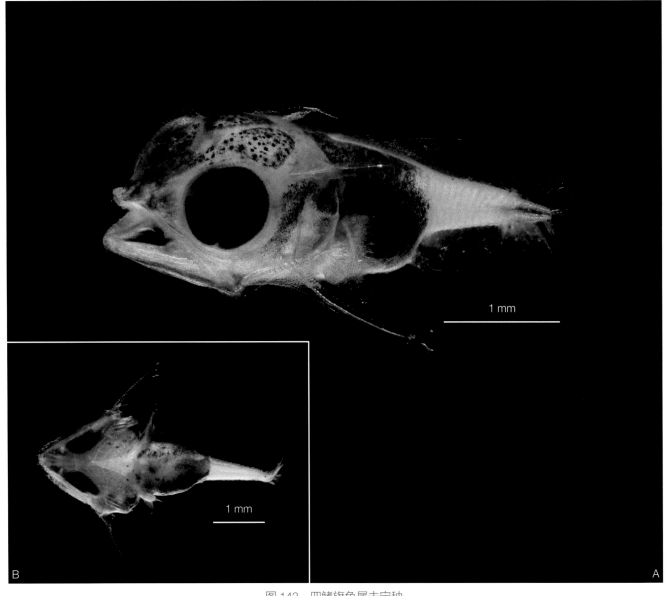

图 143　四鳍旗鱼属未定种
A. 体长 4.00mm；B. 腹面观

旗鱼科未定种 Istiophoridae sp.（图144）

采 集 地：太平洋

采集工具：WP2网

采集季节：夏季

形态特征：体长16.10mm的稚鱼，体侧扁，头、眼睛和口裂较大，上颌长于下颌。具有强壮的翼耳骨棘和前鳃盖骨棘，其上还有小锯齿，眼上缘具有骨质锯齿状隆起。全身布满黑色素。

参考文献：冲山宗雄. 2014. 日本産稚魚図鑑. 第二版. 秦野: 東海大学出版会.

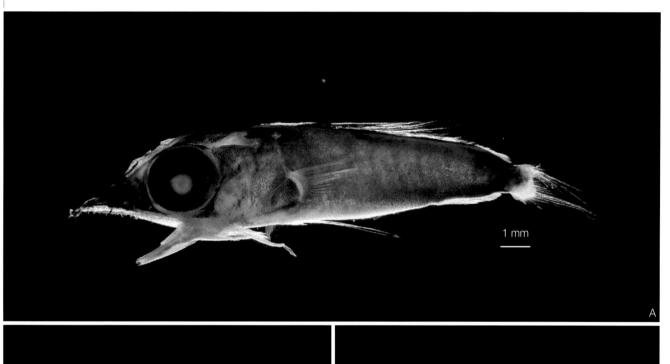

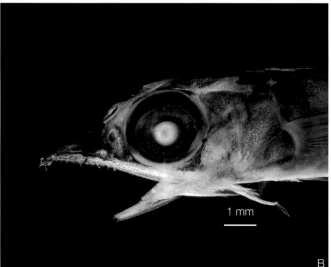
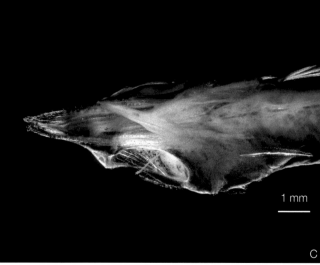

图 144　旗鱼科未定种
A. 体长 16.10mm；B. 头部；C. 头部腹面观

15.30　双鳍鲳科 Nomeidae

方头鲳属未定种 *Cubiceps* sp.（图145）

采 集 地：南海北部
采集工具：WP2网
采集季节：夏季
形态特征：体长4.30mm的后屈曲期仔鱼，体侧扁，眼大而圆，吻钝，上下颌约等长，口裂较
　　　　　浅，达眼前缘的下方。前鳃盖骨后缘具钝刺。腹腔膨大呈葫芦状，肛门在身体中
　　　　　央后部。吻端、眼前上方和头顶部有星状黑色素，腹腔上有浓密的点状黑色素，
　　　　　臀鳍基底的腹缘、尾部体侧中线上，以及背鳍基底的背缘有黑色素分布。

参考文献：万瑞景, 张仁斋. 2016. 中国近海及其邻近海域鱼卵与仔稚鱼. 上海: 上海科学技术出
　　　　　版社.
　　　　　沖山宗雄. 2014. 日本産稚魚図鑑. 第二版. 秦野: 東海大学出版会.
　　　　　Leis J M, Carson-Ewart B M. 2000. The Larvae of Indo-Pacific Coastal Fishes. Leiden
　　　　　Boston Koln: Brill Academic Pub.

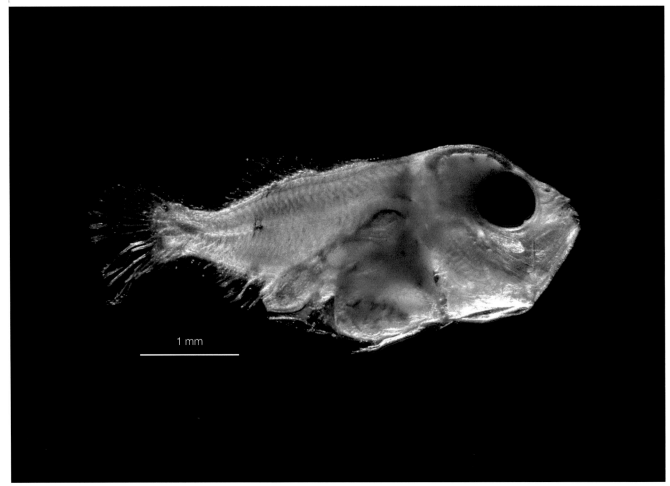

图 145　方头鲳属未定种
体长 4.30mm

15.31 鲳科 Stromateidae

银鲳 *Pampus argenteus* (Euphrasen, 1788)（图146）

分　　布：渤海、黄海、东海；西北太平洋及日本沿海海域。

采 集 地：东海

采集工具：中型浮游生物网

采集季节：春季

形态特征：体长8.44mm的屈曲期仔鱼，体型宽厚，呈卵圆形，头大，口裂小，肛门位于身体中部。胸鳍小，各鳍尚未分化完全，但尾鳍已形成鳍条，背鳍、臀鳍形成支鳍骨。体侧和腹部有很多黑色素。鳃盖骨及眼后也有黑色素分布。

参考文献：张仁斋, 陆穗芬, 赵传絪. 1985. 中国近海鱼卵与仔鱼. 上海: 上海科学技术出版社.
沖山宗雄. 2014. 日本産稚魚図鑑. 第二版. 秦野: 東海大学出版会.

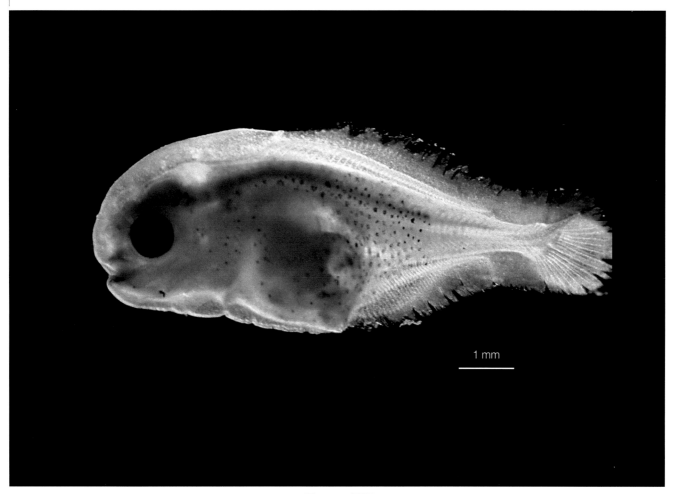

1 mm

图 146　银鲳
体长 8.44mm

16

鰈形目
Pleuronectiformes

16.1 鲆科 Bothidae

山中氏羊舌鲆 *Arnoglossus yamanakai*
Fukui, Yamada & Ozawa, 1988（图147）

分　　布：南海；西太平洋。

采 集 地：南海北部

采集工具：WP2网

采集季节：夏季

形态特征：热带海水鱼。体长约10.90mm的屈曲期仔鱼，体延长，眼圆形，且胶体组织出现，肛门在体中央前方。头顶部突出处的背鳍第一鳍条伸长条呈长鞭状（长度可达体长的70%～160%），腰骨后方突起较短。背鳍鳍条105，臀鳍鳍条80。鳔、体腹侧及尾部具黑色素。

参考文献：冲山宗雄.2014.日本産稚魚図鑑.第二版.秦野:東海大学出版会.

1 mm

图 147　山中氏羊舌鲆
体长 10.90mm

鲆属未定种 *Bothus* sp.（图148）

采 集 地: 南海北部
采集工具: WP2网
采集季节: 夏季
形态特征: 体长约6.90mm的前屈曲期仔鱼，体卵形，肛门在体中央前方。头顶部突出处的背
鳍第一鳍条伸长条呈长鞭状，背鳍始部前端有小点状黑色素。腰骨后方突起呈弓
形。背鳍、臀鳍间棘带较宽，臀鳍鳍条68。

参考书目: 冲山宗雄.2014.日本産稚魚図鑑.第二版.秦野:東海大学出版会.

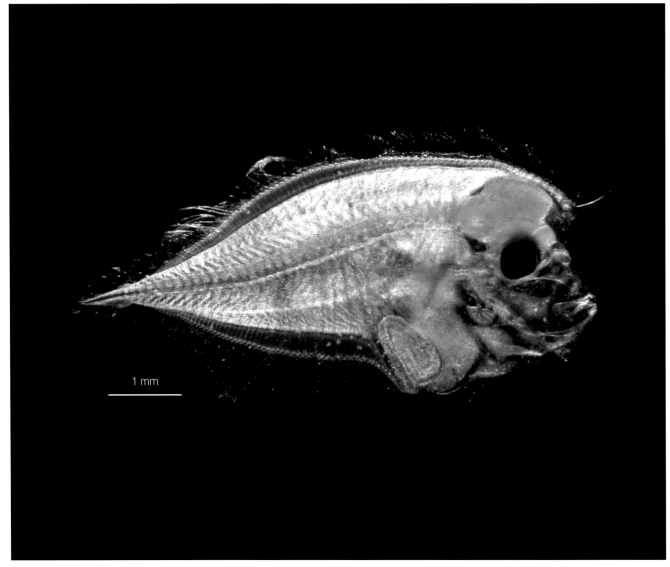

图 148   鲆属未定种
体长 6.90mm

短额鲆属未定种 *Engyprosopon* sp.（图149）

采 集 地：南海北部

采集工具：WP2网

采集季节：夏季

形态特征：体长约6.20mm的前屈曲期仔鱼，体呈卵形，尾舌骨棘和腰骨后方突起棘明显，无
上耳骨棘，拟锁骨棘能够明显发现，尾鳍呈矛形，体侧出现零星的黑色素斑。头
顶部突出处的背鳍第一鳍条伸长条呈长鞭状，背鳍鳍条82，臀鳍鳍条60，脊椎骨
37。

参考文献：冲山宗雄. 2014. 日本産稚魚図鑑. 第二版. 秦野: 東海大学出版会.

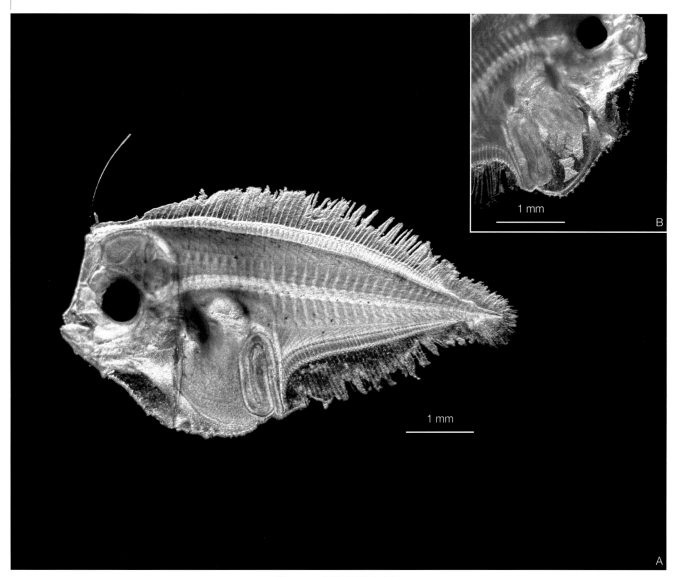

图 149 短额鲆属未定种
A. 体长 6.20mm；B. 尾舌骨棘和腰骨后方突起棘

16.2　舌鳎科 Cynoglossidae

舌鳎属未定种 *Cynoglossus* sp.（图150）

采 集 地：渤海
采集工具：WP2网
采集季节：夏季
形态特征：体长4.30mm的前屈曲期仔鱼，体侧扁，尾部延长，吻钝，眼较小。冠状幼鳍鳍条
　　　　　2根。背鳍鳍膜与臀鳍鳍膜较低，与尾鳍鳍膜相连。腹腔较大，消化管盘曲，直肠
　　　　　向下突出，肛门在体前方位置。腹腔下缘有1列点状黑色素。体背侧和腹侧各有1
　　　　　列色素斑，脊索末端平直。

参考文献：冲山宗雄.2014.日本産稚魚図鑑.第二版.秦野:東海大学出版会.

1 mm

图 150　舌鳎属未定种
体长 4.30mm

宽体舌鳎 *Cynoglossus robustus* Günther,1873（图151）

分　　布：渤海、黄海、东海、南海；西太平洋海域。

采 集 地：东海

采集工具：WP2网

采集季节：夏季

形态特征：体长7.70mm的前屈曲期仔鱼，体延长，尾部显著延长，眼圆形。冠状幼鳍鳍条长
　　　　　2.20mm，下颌略长于上颌，腹腔膨大。背鳍、臀鳍基底有黑色素，腹腔底部有许
　　　　　多点状黑色素，冠状幼鳍上有黑色素。

参考文献：冲山宗雄.2014.日本産稚魚図鑑.第二版.秦野:東海大学出版会.

图 151　宽体舌鳎
体长 7.70mm

17

鲀形目
Tetraodontiformes

17.1 单角鲀科 Monacanthidae

丝背细鳞鲀 *Stephanolepis cirrhifer*
(Temminck & Schlegel, 1850)（图152）

分　　布：东海、南海；印度洋非洲东海岸至太平洋的印度尼西亚、日本、澳大利亚。

采 集 地：南海北部

采集工具：WP2网

采集季节：夏季

形态特征：体长5.40mm的后屈曲期仔鱼，体侧扁，体较高。口裂小，吻钝。第一背鳍具2棘，位于眼中央稍后的直上方，第一鳍棘较粗，具锯齿，第二鳍棘短小。第二背鳍鳍条数为21。腹鳍鳍棘短粗，具锯齿。腹腔呈桃形，有数个菊花状黑色素。体表棘状鳞发达。体表侧中线后部有1列黑色素。

参考文献：万瑞景, 张仁斋. 2016. 中国近海及其邻近海域鱼卵与仔稚鱼. 上海: 上海科学技术出版社.

沖山宗雄. 2014. 日本産稚魚図鑑. 第二版. 秦野: 東海大学出版会.

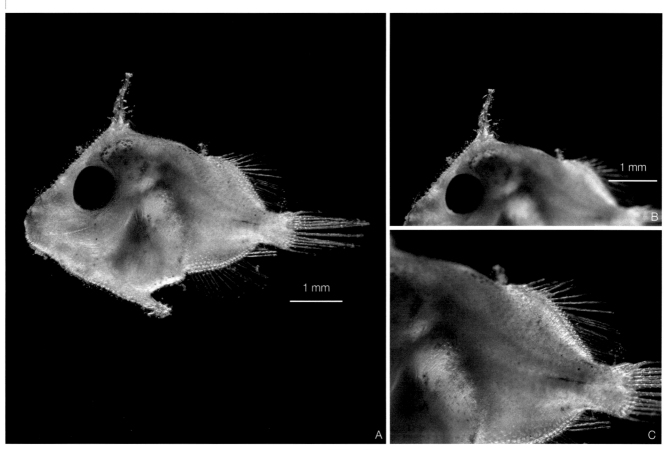

图 152　丝背细鳞鲀
A. 体长 5.40mm；B. 头部；C. 身体表面

17.2 鲀科 Tetraodontidae

棕斑兔头鲀 *Lagocephalus spadiceus* (Richardson, 1845)
（图153）

分　　布：渤海、黄海、东海、南海；西太平洋、印度洋、地中海海域。
采 集 地：南海北部
采集工具：WP2网
采集季节：夏季
形态特征：体长3.00mm的前屈曲期仔鱼。体卵形，头部较大，吻钝，眼大，口裂至眼前部，
　　　　　尾部粗短。背鳍、臀鳍对称，发育尚未完全。腹腔膨大，呈三角形，腹腔上部布
　　　　　满点状黑色素。脑后背部也布满黑色素。身体及腹腔下部无黑色素。

参考文献：冲山宗雄.2014.日本産稚魚図鑑.第二版.秦野:東海大学出版会.

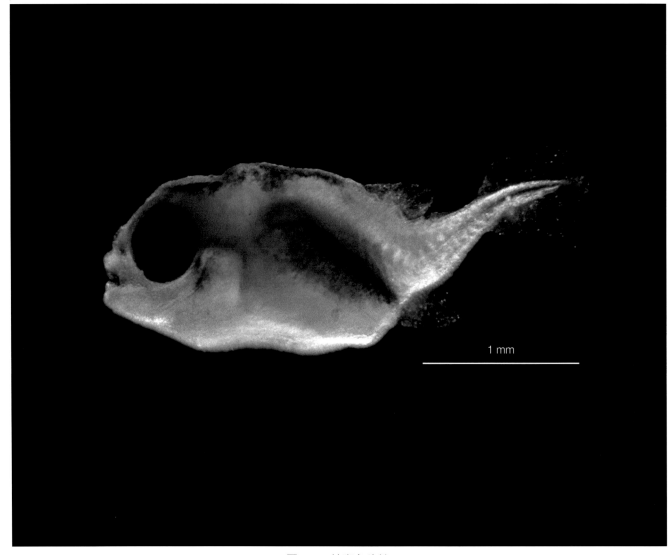

1 mm

图 153　棕斑兔头鲀
体长 3.00mm

斑点多纪鲀 *Takifugu poecilonotus* (Temminck & Schlegel, 1850)
（图154）

分　　布：渤海、黄海、东海、南海；西太平洋海域。

采 集 地：南海北部

采集工具：WP2网

采集季节：夏季

形态特征：体长3.20mm的前屈曲期仔鱼，头大，身体宽，尾部粗短。吻钝，眼大，口裂至眼前部。背鳍、臀鳍对称，发育尚未完全。腹腔大，呈三角形，上布满点状黑色素。脑后背部也布满黑色素。背鳍、臀鳍至尾部有大块黑色素。

参考文献：冲山宗雄. 2014. 日本产稚鱼图鉴. 第二版. 秦野: 東海大学出版会.

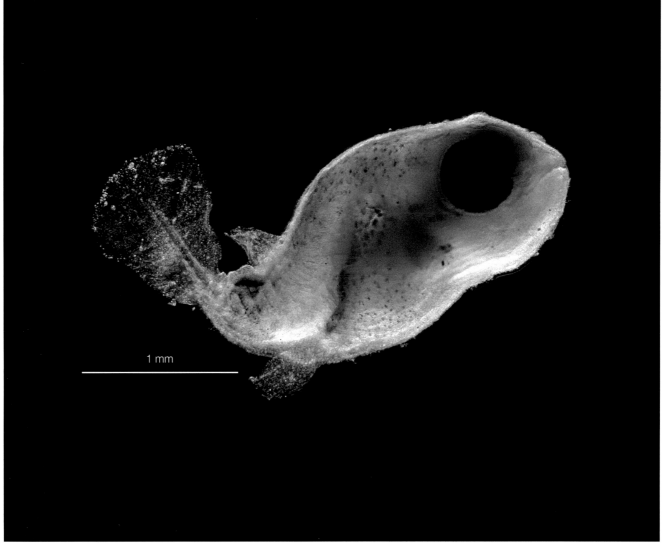

图 154　斑点多纪鲀
体长 3.20mm